高等职业教育项目课程教材

食品微生物检测技术

唐劲松　徐安书　主　编

U0242200

中国轻工业出版社

图书在版编目（CIP）数据

食品微生物检测技术/唐劲松，徐安书主编. —北京：中国轻工业
出版社，2017.6

高等职业教育项目课程教材

ISBN 978 – 7 – 5019 – 8743 – 6

Ⅰ.①食…　Ⅱ.①唐…②徐…　Ⅲ.①食品微生物 – 食品检验 – 高
等职业教育 – 教材　Ⅳ.①TS207.4

中国版本图书馆 CIP 数据核字（2012）第 058634 号

责任编辑：张　靓　　责任终审：滕炎福　　封面设计：锋尚设计
版式设计：王超男　　责任校对：晋　洁　　责任监印：张　可

出版发行：中国轻工业出版社（北京东长安街 6 号，邮编：100740）

印　　刷：三河市万龙印装有限公司

经　　销：各地新华书店

版　　次：2017 年 6 月第 1 版第 5 次印刷

开　　本：720×1000　1/16　印张：12.25

字　　数：272 千字

书　　号：ISBN 978 – 7 – 5019 – 8743 – 6　定价：27.00 元

邮购电话：010 – 65241695　传真：65128352

发行电话：010 – 85119835　85119793　　传真：85113293

网　　址：http://www.chlip.com.cn

Email：club@chlip.com.cn

如发现图书残缺请直接与我社邮购联系调换

170661J2C105ZBW

本书编写人员

主　编：唐劲松（江苏农牧科技职业学院）

　　　　徐安书（重庆工贸职业技术学院）

副主编：张璟晶（江苏农牧科技职业学院）

　　　　徐启红（漯河职业技术学院）

参　编：张媛媛（广州轻工职业技术学院）

　　　　魏宗烽（信阳农林学院）

　　　　杨　灵（河南省轻工业学校）

　　　　殷尔康（江苏农牧科技职业学院）

　　　　刘　炜（涪陵娃哈哈饮料有限公司）

　　　　乔勇升（江苏省泰州市产品质量监督检验所）

食品微生物检测技术是食品类专业的一门专业核心技术课，掌握食品微生物检测技术是食品从业人员和食品卫生监督工作者的神圣职责，是贯彻执行《中华人民共和国食品安全法》，提高食品质量必不可少的技术保证，是保证食品安全卫生的重要手段。《食品微生物检测技术》旨在从传统的繁杂松散的理论体系中摸索出适合高职食品类专业教学的新模式，提高学生检测的职业能力。

本教材以培养学生的技能、知识和素质为目标，依据国家标准，对食品微生物检测工作任务进行分析，确立了 21 个工作任务。每一个任务具有代表性，从单一学习型工作任务到综合型工作任务，培养单一操作技能到综合型技能，循序渐进。本书在编写中，时刻牢记温家宝总理在全国职业教育工作会议上关于"深化教学改革，注重学以致用"的指示，理论知识以工作任务为核心进行取舍，对任务相关知识重新调整和整合，充分体现了必需和够用的原则。编写模式打破传统学科体系，使相关理论知识融于各个项目中，使学生在实践过程中构建和完善自己的知识体系，以利于学生综合技能培养。

本教材将 21 个工作任务优化组合，形成 6 个教学模块，包括微生物的常规分类与鉴定技术、食品微生物的纯培养技术、食品安全细菌学检测技术、发酵食品中微生物检测技术、食品中致病菌检验技术，以及微生物的快速检测技术。整个模块由学习型的单项技能向综合技能递进，在递进式的循环练习中增强学生的职业能力。同时每个项目前都有明确的工作任务目标，任务实施中通过问题探究让学生掌握与项目实践中最紧密的理论知识，知识拓展则对项目训练中相关知识进行梳理，加深学生对项目的理解，每模块后都安排了启发学生思考和讨论的第二课堂活动设计，这对于提高学生主动认真学习和掌握教学内容起到很好的促进作用。

本教材项目的选择征求了行业企业专家的意见，是一本校企合作开发课程。教材中选用的项目适用性、典型性、可操作性、应用性很强，适合所用食品类的高职院校使用，并且满足食品类企业技术工作者的需求。

参加本教材编写的老师有重庆工贸职业技术学院的徐安书，漯河职业技术学院徐启红，广州轻工职业技术学院张媛媛，信阳农林学院魏宗烽，河南省轻工学校杨灵，江苏农牧科技职业学院唐劲松、张璟晶、殷尔康，涪陵娃哈哈饮料有限公司刘炜，江苏省泰州市产品质量监督检验所高级工程师乔勇升，在此，对各位老师的辛勤付出表示衷心的感谢。

由于编者水平有限，时间仓促，本书中难免出现不妥之处，恳请广大读者批评指正。

编　者

2012 年 3 月

目录 ▶

1　模块一　微生物的常规分类与鉴定技术［学习型工作任务］

1　**教学目标**
1　项目1　普通光学显微镜操作技术
1　　　项目导入
2　　　材料与仪器
2　　　实践操作
4　　　问题探究
6　　　知识拓展
9　　　小知识
9　　　课后思考
9　项目2　染色与细菌细胞形态观察
9　　　项目导入
10　　　材料与仪器
10　　　实践操作
14　　　问题探究
15　　　知识拓展
19　　　实训项目拓展
21　　　课后思考
22　项目3　放线菌、酵母菌、霉菌细胞形态观察
22　　　项目导入
23　　　材料与仪器
23　　　实践操作
25　　　问题探究
25　　　知识拓展
29　　　实训项目拓展
31　　　课后思考
31　项目4　常见微生物培养特征观察
31　　　项目导入
31　　　材料与仪器

32	实践操作	
33	问题探究	
35	知识拓展	
37	课后思考	
38	**项目5　常见微生物生理生化鉴定**	
38	项目导入	
38	材料与仪器	
38	实践操作	
39	问题探究	
40	知识拓展	
42	实训项目拓展	
46	课后思考	
47	**第二课堂活动设计**	
47	**知识归纳整理**	
48	**模块二　食品微生物纯培养技术 ［学习型工作任务］**	
48	**教学目标**	
48	**项目6　培养基配制技术**	
48	项目导入	
49	材料与仪器	
49	实践操作	
50	问题探究	
52	知识拓展	
57	实训项目拓展	
58	小知识	
58	课后思考	
59	**项目7　灭菌技术和消毒技术**	
59	项目导入	
59	材料与仪器	
59	实践操作	
61	问题探究	
65	知识拓展	
70	实训项目拓展	
72	小知识	
73	课后思考	

73	项目8	微生物的分离纯化技术
73		项目导入
74		材料与仪器
74		实践操作
78		问题探究
80		知识拓展
82		课后思考
82	项目9	微生物的菌种保藏技术
82		项目导入
82		材料与仪器
83		实践操作
85		问题探究
86		知识拓展
87		实训项目拓展
88		课后思考
88	**第二课堂活动设计**	
89	**知识归纳整理**	
90	**模块三　食品安全细菌学的检测技术 ［综合型工作任务］**	
90	**教学目标**	
90	项目10	食品样品的采集及处理
90		项目导入
91		材料与仪器
91		实践操作
92		问题探究
94		知识拓展
95		实训项目拓展
96		小知识
97		课后思考
98	项目11	食品中菌落总数的测定（GB 4789.2—2010）
98		项目导入
98		材料与仪器
98		实践操作
101		问题探究
102		知识拓展

103　　　课后思考

103　项目12　食品中大肠菌群计数（GB 4789.3—2010）

103　　　项目导入

104　　　材料与仪器

104　　　实践操作

105　　　问题探究

107　　　知识拓展

107　　　实训项目拓展

110　　　课后思考

110　**第二课堂活动设计**

111　**知识归纳整理**

112　**模块四　发酵食品微生物检测技术［综合型工作任务］**

112　**教学目标**

112　项目13　食品中霉菌的计数

112　　　项目导入

113　　　材料与仪器

113　　　实践操作

114　　　问题探究

115　　　知识拓展

116　　　实训项目拓展

116　　　课后思考

116　项目14　食品中酵母的直接计数——血球计数板法

116　　　项目导入

117　　　材料与仪器

117　　　实践操作

119　　　问题探究

119　　　知识拓展

122　　　课后思考

122　项目15　乳酸菌检验（GB 4789.35—2010）

122　　　项目导入

122　　　材料与仪器

122　　　实践操作

125　　　问题探究

127　　　知识拓展

130　　　小知识
131　　　课后思考
131　　**第二课堂活动设计**
131　　**知识归纳整理**

132　　**模块五　食品中常见致病菌的检验技术［综合型工作任务］**

132　　**教学目标**
132　　项目16　食品中沙门氏菌的检验（GB 4789.4—2010）
132　　　项目导入
133　　　材料与仪器
133　　　实践操作
137　　　问题探究
138　　　知识拓展
139　　　课后思考
139　　项目17　食品中金黄色葡萄球菌的检验（GB 4789.10—2010）
139　　　项目导入
140　　　材料与仪器
140　　　实践操作
141　　　问题探究
142　　　知识拓展
142　　　实训项目拓展
145　　　课后思考
145　　项目18　食品中志贺氏菌的检验（GB 4789.5—2012）
145　　　项目导入
146　　　材料与仪器
146　　　实践操作
149　　　问题探究
150　　　知识拓展
154　　　课后思考
154　　**第二课堂活动设计**
154　　**知识归纳整理**

155　　**模块六　其他微生物学的快速检测技术［综合型工作任务］**

155　　**教学目标**

155　项目 19　食品中抗生素残留的检测（TTC 法检测牛乳中抗生素残留）

155　　　项目导入

155　　　材料与仪器

155　　　实践操作

157　　　问题探究

157　　　知识拓展

158　　　课后思考

158　项目 20　食源性病原微生物生物学快速检测技术（PCR 法测定食品中沙门氏菌）

158　　　项目导入

159　　　材料与仪器

159　　　实践操作

160　　　问题探究

161　　　知识拓展

162　　　课后思考

162　项目 21　食源性病原微生物免疫学快速检测技术（酶联免疫分析法测定黄曲霉毒素）

162　　　项目导入

163　　　材料与仪器

163　　　实践操作

164　　　问题探究

164　　　知识拓展

168　　　课后思考

168　**第二课堂活动设计**

168　**知识归纳整理**

169　　　附录一　常见培养基配制

180　　　附录二　染色液的配制

182　　　附录三　试剂和溶液的配制

184　**参考文献**

微生物的常规分类与鉴定技术

［学习型工作任务］

教学目标

- 知道常见微生物的细胞形态与菌落特征。
- 理解细菌细胞的结构、化学组成和生理功能。
- 会正确使用普通光学显微镜。
- 能熟练进行细菌的染色，得到正确的染色结果。
- 能准确说出微生物生理生化鉴定的操作流程和技术要点。

项目 1

普通光学显微镜操作技术

项目导入

　　微生物是指一类体形微小、构造简单的单细胞、多细胞，甚至没有细胞结构的低等生物。它包括许多微小生物类群，如原核生物的细菌、放线菌、螺旋体、立克次氏体、衣原体、支原体，还包括不具细胞结构的病毒和属于真核生物的真菌、少数藻类及原生动物等。这些微生物个体测量的级别只是在微米或纳米（µm 或 nm），都远远低于肉眼的观察极限。举一例子：细菌中大肠杆菌的平均长度约 2µm，宽度约 0.5µm，若把 1500 个细胞首尾相连，其长度仅等于一粒米粒的长度（3mm）；如果把 120 个细胞肩并肩排列在一起，其总宽度才抵得上一根人头发的粗细（60µm），可见微生物之小。也正因为微生物的这个特点，才决定了显微技术是进行微生物研究的重要技术，我们必须借助显微镜的放大系统才能看得清它们个体的大小、形态甚至内部结构。

　　随着现代科技的进步，显微镜也有了不断的发展和改进。根据作用和适用范围的不同，现代显微镜分为很多种类，有普通光学显微镜、暗视野显微镜、相差显微镜、荧光显微镜、电子显微镜等。一般在微生物的形态以及排列观察中，以普通的光学显微镜最常用。那么如何通过普通光学显微镜来观察到微生物？如何进行显微镜的保养和维护？这就是本项目学习的主要内容。

材料与仪器

普通光学显微镜、细菌标本片、香柏油、二甲苯、擦镜纸、吸水纸等。

实践操作

现代普通光学显微镜利用目镜和物镜两组透镜系统来放大成像（见图1-1和图1-2）。

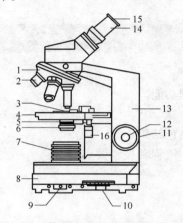

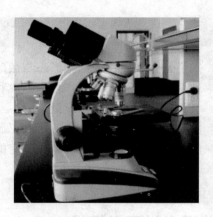

图1-1　普通光学显微镜构造模式图
1—物镜转换器　2—接物镜　3—弹簧夹　4—载物台
5—聚光器　6—虹彩光圈　7—光源　8—镜座
9—电源开关　10—光源滑动变阻器　11—粗调螺旋
12—微调螺旋　13—镜臂　14—镜筒　15—目镜
16—标本移动螺旋

图1-2　普通光学显微镜

一、操作步骤

1. 观察前的准备

（1）显微镜的安置　取、放显微镜时应一手握住镜臂，一手托住镜座，使显微镜保持直立、平稳。放置于适宜的桌面上。

（2）光源调节　打开电源开关，通过调节光源滑动变阻器，使镜座内的光源灯释放出适当的照明强度。

2. 显微观察

在目镜保持不变的情况下，对于初学者应遵守从低倍镜到高倍镜再到油镜的观察过程。

（1）低倍镜观察　将标本玻片置于载物台上，用弹簧夹夹住，调节标本移动螺旋使观察对象处于物镜的正下方。首先将载物台升至最高，使其接近标本，用粗调螺旋慢慢下降载物台，使标本在视野中初步聚焦，再使用微调螺旋使图像清晰。通过标本移动螺旋慢慢移动玻片，认真观察标本各部位，找到合适的目的物。

（2）高倍镜观察　在低倍镜下找到合适的观察目标并将其移至视野中心后，转动物镜转换器将高倍镜移至工作位置。对聚光器光圈及视野亮度进行适当调节后，使用微调螺旋使物像清晰，利用标本移动螺旋移动标本仔细观察。

（3）油镜观察　在高倍镜下找到要观察的样品区域后，用粗调螺旋将镜筒升高，然后将油镜转到工作位置。在观察的样品区域滴加香柏油，从侧面注视，用粗调螺旋将载物台上升，使油镜浸在镜油中几乎与标本相接，将聚光器升至最高并开足光圈，用微调螺旋将载物台缓慢下降直至视野中物像清晰为止。

3. 显微镜使用后的处理

（1）下降载物台（或上升镜筒），取下载玻片，放入标本回收瓷盘中。

（2）用擦镜纸拭去镜头上的镜油，然后用擦镜纸蘸少许二甲苯擦去镜头上残留的油迹，最后再用干净的擦镜纸擦去残留的二甲苯。

（3）用擦镜纸清洁其他物镜及目镜，用绸布清洁显微镜的金属部件。

（4）将各部分还原，物镜转成"八"字形，再向下旋。同时把聚光器下降。将显微镜放回显微镜箱中。

二、注意事项

（1）移动显微镜时切忌用单手拎提显微镜，防止目镜脱落。显微镜应平稳地放置于实验台上，镜检中不得随意移动。

（2）在观察标本时，镜检者应姿势端正，两眼应同时睁开。无论使用单筒显微镜或双筒显微镜都要双眼同时睁开观察，以减少眼睛疲劳，也便于边观察边绘图或记录。

（3）镜检时要细心调焦。一般先采用低倍镜，因为低倍镜视野较大，易发现目标和确定观察的位置，再换高倍镜或油镜观察。

（4）在用油镜观察，上升载物台时应注意不要压碎标本片，防止损坏油镜。

（5）油镜观察后，用二甲苯擦拭油镜，最后用干净的擦镜纸将多余的二甲苯擦去，因为过多的二甲苯残留于镜头会有腐蚀作用。

（6）保持载物台的清洁，无油。除油镜外其他物镜不得接触香柏油。

（7）注意镜头的保养，保持所有物镜的清洁，只能用擦镜纸擦拭镜头，不得用手接触透镜。

（8）实验结束后，取下标本片，将镜头、载物台等各部位擦拭干净并复原，然后盖上防尘罩，认真填写使用记录后，放入箱内。

问题探究

一、普通光学显微镜的构造

现代普通光学显微镜由机械装置和光学系统两部分组成。

1. 机械部分

机械部分包括镜座、镜臂、载物台、镜筒、物镜转换器、粗调螺旋和微调螺旋、标本移动螺旋、聚光器升降螺旋等部件。

（1）镜座　显微镜的基座，用以支撑整个显微镜。

（2）镜臂　移动显微镜的把手，上连镜筒、下连镜座，用以支撑镜筒。

（3）物镜转换器　由两个金属圆盘叠合而成，上有 3~4 个螺旋口，用以安装各种放大倍数的物镜。根据需要用转换器使某一物镜和镜筒接通，与镜筒上的目镜配合，构成一个放大系统。转换物镜时，用手指捏住转换器下的金属盘，使之旋转，不得用手捏物镜转动，防止镜头脱落造成损坏。

（4）载物台　位于镜筒下方，呈方形或圆形，中间有一较大圆孔，用于透光。台上装有标本移动螺旋，用以固定和移动标本片的观察位置。有的显微镜载物台可上下移动，是由粗调螺旋和微调螺旋调节。

（5）粗调螺旋和微调螺旋　位于镜筒的两旁，粗调螺旋在内侧，微调螺旋在外侧，用以调节载物台的升降，以改变物镜与观察物之间的距离。要使镜筒大幅度升降时用粗调螺旋。微调螺旋只能使镜筒做细微升降（100μm），当旋转到极限时，不能再用力旋转，应调节粗调螺旋，然后再反方向调节微调螺旋。

（6）聚光器升降螺旋　装在载物台下面，可使聚光器升降，用于调节反光镜反射出来的光线。

2. 光学部分

光学部分包括目镜、物镜、反光镜、聚光器、虹彩光圈，有的配备特殊的光源部件。

（1）光源　现显微镜大都用电光源，老式的显微镜用反光镜采集光线。

（2）聚光器　位于光源上方，由一组透镜组成，其作用是将反光镜反射来的光线聚为强光束于载玻片标本上。聚光器可根据光线的需要，上下调整。一般用低倍镜时降低聚光器，用油镜时聚光器应升至最高处。

（3）虹彩光圈　位于聚光器下方，推动光圈把手，可开大或缩小光圈，用以调节射入聚光器光线的多少。

（4）接物镜　简称物镜，安装在转换器的螺口上，其主要参数见图 1-3。一台显微镜有 3~4 个接物镜，分为低倍镜（4 倍、10 倍等）、高倍镜（40 倍等）和油镜（90 倍、100 倍等）。使用时通过镜头侧面刻有的放大倍数来辨认。接物镜不仅可以放大标本，而且具有辨析性能，它决定着显微镜的性能。放大倍数越高的接物镜，工作距离越小，油镜的工作距离只有 0.19mm。

图 1-3 显微镜物镜的主要参数

（5）接目镜 简称目镜，安装在镜筒上方，由两块透镜组成，它只能将物镜所造成的实像，进一步放大形成虚像映入眼内，不具有辨析性能。每台显微镜上带多种放大倍数的目镜（5 倍、10 倍等），可供选择使用。为便于指示物像，有的目镜中装有黑色细丝作为指针。

二、普通光学显微镜成像原理

光学显微镜是利用光学原理，把人眼所不能分辨的微小物体放大成像，以供人们提取微细结构信息的光学仪器。

表面为曲面的玻璃或其他透明材料制成的光学透镜可以使物体放大成像，光学显微镜就是利用这一原理把微小物体放大到人眼足以观察的尺寸。而现代光学显微镜就是采用物镜和目镜两组透镜放大而完成的。

如图 1-4 所示，物体（AB）经过光源发出的光线照射，在物镜的作用下形成倒立的实像（BA），这个倒立的实像（BA）经过目镜的再次放大，形成倒立的虚像（B′A′），所以普通的光学显微镜的放大倍数是目镜和物镜放大倍数的乘积。而且在观察时必须使光线通过载物台中间的圆孔，穿过物体，才能形成一个我们能看到的倒立的虚像。

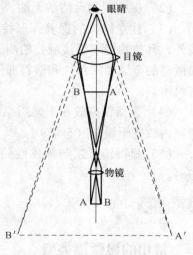

图 1-4 普通光学显微镜放大成像原理

三、油镜的使用原理

在普通光学显微镜通常配置的几种物镜中，油镜的放大倍数最大，对微生物学研究最为重要。与其他物镜相比，油镜的使用比较特殊，需在载玻片与镜头之间加滴香柏油。

油镜的放大倍数可达 100 倍，但焦距很短，镜口直径很小，但是所需要的光照强度却最大。从承载标本的玻片透过来的光线，因介质密度不同（光线需从玻片进入空气，再进入镜头），有些光线会因折射或全反射，不能进入镜头，致使在使用油镜时会因射入的光线较少，物像显现不清。所以为了不使通过的光线有所损失，在使用油镜时须在油镜与玻片之间加入与玻璃的折射率（折射率 $n = 1.52$）相仿的香柏油（折射率 $n = 1.515$），从而提高了观察的亮度和清晰度，见图 1-5。

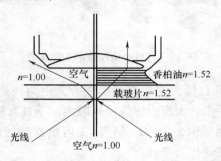

图 1-5　干燥物镜与油镜的光线通路

四、显微镜的维护与保养

显微镜是贵重精密的光学仪器，正确的使用、维护与保养，不但使观察物清晰，而且可以延长显微镜的使用寿命。在使用时应注意以下几点。

（1）镜检时，调焦宜采用将物镜调离标本的方法，以免损坏镜头和标本片。

（2）保持载物台清洁无油。

（3）注意镜头的保养，保持目镜、物镜、聚光器等光学部件的清洁，除油镜外，其他物镜不得接触香柏油。镜头只能用擦镜纸擦拭，不得用手接触透镜。显微镜的金属油漆部件和塑料部件，可用软布蘸中性洗涤剂进行擦拭，不要使用有机溶剂。

（4）显微镜应放在干燥阴凉的地方，不要放在强烈的日光下暴晒，在显微镜箱内放置干燥剂（硅胶）。

（5）显微镜严禁与挥发性药品或腐蚀性药品放在一起，如碘片、盐酸、硫酸等。

知识拓展

一、常用的显微镜类型

现代显微镜一般可以分为两大类，一类是光学显微镜，另一类是非光学显微镜。这两类显微镜又可根据其作用和适用的范围不同分成若干类型，如图 1-6 所示。

例如，暗视野显微镜是利用样品反射或折射的光进入物镜，在较黑的视野

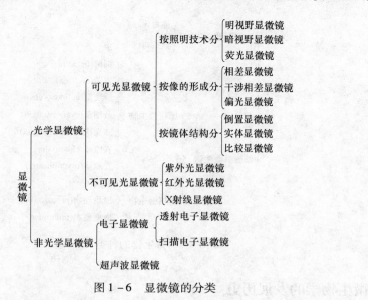

图 1-6　显微镜的分类

中，由于反差增大了，反而使样品能够看得更清楚。它的原理与来自缝隙的一束强光通过暗室时，可清楚地看到其中细微灰尘的现象是一样的。所以暗视野法可以用来在黑暗的视野中观察光亮的菌体，常用于观察生活细菌及细菌运动时的特点。

　　暗视野显微镜可以看到活细胞的外部形态，但是看不清内部结构。而相差显微镜能看到细胞内部结构以及细胞分裂的连续过程。相差显微镜就是利用光线通过活细胞后，由于受物体中密度和折射率不同的物质的影响，部分光线变成了绕射光，光波的相位发生变化，相差显微镜将经过物体的直射光延迟或提前，并和绕射光产生干涉，使相位差变为振幅差。如果产生的干涉为相长干涉，则振幅的同相量相加而变大，我们便看到较亮的部分；如果所产生的干涉为相消干涉，则振幅异相量相消而变小，这部分就变得较暗。这样，变相位差为振幅差的结果，使原来透明的物体表现出明显的明暗差异，对比度增加，能更清晰地观察活细胞的细微结构。

　　而对于形态更为细小的微生物，例如病毒等，我们就要利用电子显微镜才能看得清。电子显微镜是利用电子流代替光学显微镜的光束使物体放大成像而由此得名的。电子流的速度越快，波长越短，其分辨能力也越强。一般用 50~100kV 电压时，电子波长在 0.37~0.54nm，所以电子显微镜的分辨力极高，可达 0.2nm 左右，此分辨力比光学显微镜提高了近 1000 倍。而现代电子显微镜的成像物镜大多数采用短焦距的强磁透镜，放大倍数可达一百万倍以上。

二、微生物的种类

　　伴随着显微镜的不断发展，微生物的分类也不断地发展，如图 1-7 所示。

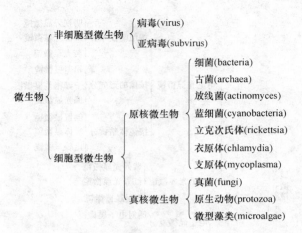

图 1-7　微生物的种类

三、微生物学的发展历史

显微镜的发展和改进，也不断地影响着人们对于微生物的认识。随着显微镜的不断发展及应用，人们越来越了解微生物，微生物学作为一门学科也不断地发展，如表 1-1 所示。

表 1-1　　　　　　　　　微生物学发展史简表
（周德庆《微生物学教程》）

分期	史前期	初创期	奠基期	发展期	成熟期
时间	约 8000 年前—1676 年	1676—1861 年	1861—1897 年	1897—1953 年	1953 年—至今
实质	朦胧阶段	形态描述阶段	生理水平研究阶段	生化水平研究阶段	分子生物学水平研究阶段
开创者	各国劳动人民	列文虎克——微生物的先驱者	巴斯德——微生物奠基人；科赫——细菌学之父	毕希纳——生物化学奠基人	J. 沃森和 F. 克里克分子生物学奠基人
特点	1. 未见细菌等微生物的个体 2. 凭实践经验利用微生物的有益活动（进行酿酒、制酱、酿醋、治病等）	自制单式显微镜观察到细菌等微生物的个体	1. 微生物学开始建立 2. 创立了一整套独特的微生物学基本研究方法 3. 建立了许多应用性的分支学科 4. 进入寻找人类和动物病原菌的黄金时期	1. 用无细胞存在的酵母菌抽提液对葡萄糖进行酒精发酵成功 2. 发现微生物的代谢统一性 3. 青霉素的发现推动了微生物工业化培养技术的猛进	1. 广泛应用分子生物学理论和现代研究方法，深刻揭示微生物的各种生命活动规律 2. 以基因工程为主导，把传统工业发酵提高到发酵工程新水平 3. 微生物基因组的研究促进了生物信息学时代的到来

小知识

微生物的发现

世界上第一台显微镜是荷兰眼镜商詹森（Hans Janssen）在 1604 年发明的。1665 年，英国的物理学家罗伯特·胡克（Robert Hooke）用自己设计并制造的显微镜观察到了植物死的细胞壁。而真正利用显微镜看到微生物的第一人是荷兰布商列文虎克（Antonie van Leeuwenhoek）。1674 年，为了检查布的质量，列文虎克亲自磨制透镜，装配了高倍显微镜（300 倍左右）。同时，他也用显微镜来观察污水、牙垢等物质，并观察到完整的微生物活细胞。列文虎克描绘了所观察到的细胞形态、大小以及它们的运动轨迹，他把观察到的结果写信报告给了英国皇家学会，得到英国皇家学会的充分肯定，他也很快成为世界知名人士。列文虎克的一生致力于在微观世界中探索，发表论文402 篇，其中《列文虎克发现的自然界的秘密》是人类关于微生物研究的最早专著。从此，人们对于微生物的研究进入了形态学描述阶段。

▶ **课后思考**

1. 简述微生物的主要特点。
2. 根据你的实验体会谈谈在普通光学显微镜使用中的注意点。
3. 试比较低倍镜、高倍镜和油镜各方面的差异。
4. 为什么在使用高倍镜和油镜时应特别注意避免粗调螺旋的误操作？
5. 用油镜观察时，为什么要放香柏油？

项目2 ▶

染色与细菌细胞形态观察

项目导入

在我们生活的环境中，甚至人体内外部，到处都有大量的细菌集居着。凡是温暖、潮湿和富含有机物质的地方，都是各种细菌的活动之处。在夏天，固体食物表面时而会出现一些水珠状、浆糊状等色彩多样的小突起，如果用手去抚摸一下，常有黏滑的感觉，这些就是细菌。如果在液体食物中出现浑浊、沉淀或液面漂浮"白花"，并伴有小气泡冒出，也说明其中可能有大量细菌生长。这些细菌导致食品的腐败变质，有些甚至还会引起食品中毒。所以了解常见细菌的特性，在食品安全质量检测中有非常重要的意义。

在一般实验室中，常用普通光学显微镜来进行微生物形态学特征的观察。然而由于微生物体积小而且透明，在活细胞内含有80%以上的水分，因此，对光线的吸收和反射与水溶液相差不大。在显微镜下观察时，由于与周围背景没有显著的明暗差，难以看清它们的形状，更谈不上识别其细微结构。而经过染色，使菌体表面及内部结构着色，与背景形成鲜明对比，就可借助颜色的反衬作用比较清楚地看到菌体形态及某些细胞结构。而且还可以通过不同的染色反应来鉴别微生物的类型和区分死、活细菌等，因此，微生物染色技术是观察微生物形态结构的重要手段。

本项目着重细菌的革兰氏染色观察，同时也介绍了针对细菌其他结构的染色方法。目的在于使同学们在掌握细菌染色技术的基础上，增加对于细菌的各种形态结构的感性认识，了解细菌的构造及特点。

材料与仪器

1. 菌种

金黄色葡萄球菌固体纯培养物、大肠杆菌液体纯培养物等。

2. 染色液

草酸铵结晶紫、革兰氏碘液、95%酒精、石炭酸复红、碱性美蓝、孔雀绿染液、鞭毛染色液等。

3. 仪器或用具

接种环、酒精灯、载玻片、蒸馏水、冲洗架、废液缸（或盘）、吸水纸等。

实践操作

一、细菌革兰氏染色

革兰氏染色法是1884年由丹麦病理学家 H. C. 革兰创立的，随后一些学者在此基础上做了一定的改进。通过革兰氏染色法，不仅能观察到细菌的形态，而且还可将所有细菌区分为两大类：染色反应呈蓝紫色的称为革兰氏阳性细菌，用 G+ 表示；染色反应呈红色的称为革兰氏阴性细菌，用 G− 表示。革兰氏染色法是细菌学中广泛使用的一种复染色法，也是细菌分类和鉴定的重要依据。

1. 操作步骤

（1）准备载玻片　载玻片应洁净、无油渍，清洗后晾干备用。

（2）涂片　对于液体材料（如细菌的液体纯培养物等），将接种环在酒精灯火焰上灭菌后，蘸取一环材料，均匀涂于载玻片中央。

对于固体材料（如细菌的固体纯培养物等），先用接种环蘸取一环无菌生理盐水，点于载玻片上，再将接种环用酒精灯火焰灭菌后，挑取一环少许细菌培养物与载玻片上的生理盐水混匀，涂成一薄层状（见图2-1）。涂片区域要求均匀、不宜过厚、大小适宜，涂抹直径为1cm左右。

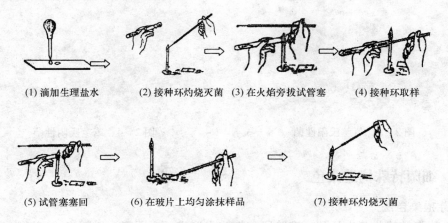

(1) 滴加生理盐水　(2) 接种环灼烧灭菌　(3) 在火焰旁拔试管塞　(4) 接种环取样

(5) 试管塞塞回　(6) 在玻片上均匀涂抹样品　(7) 接种环灼烧灭菌

图2-1　无菌取样涂片过程

（3）干燥　放在室温下自然干燥，或在火焰上方微微烘干加速其干燥，切忌火烤和温度过高。

（4）固定　将干燥的涂片，涂面向上在酒精灯火焰上迅速通过2~3次（见图2-2），温度不宜过高，以玻片背面不觉烫手为宜，放置冷却后，进行染色。

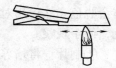

图2-2　火焰热固定

（5）初染　滴加草酸铵结晶紫染液1~2滴，要求覆盖住涂抹物，染色1min后水洗。

（6）媒染　滴加革兰氏碘液1~2滴，作用1~2min后水洗。

（7）脱色　流加95%酒精至色素不溶为止，后立即水洗终止脱色。

（8）复染　滴加石炭酸复红染液1~2滴，染色1~2min后水洗。

（9）镜检　待玻片干燥后置显微镜下，用油镜观察。

2. 注意事项

（1）涂片时生理盐水不宜过多，涂片必须均匀，不宜过厚，以免脱色不全造成假阳性。

固定时涂片向上来回穿过火焰外焰2~3次，不能直接放在火焰上烤，否则温度过高，细菌形态变形。

（2）革兰氏染色的关键是脱色时间，一般维持在20~30s。

（3）选用培养18~24h菌龄的细菌为宜。细菌太老，由于菌体死亡或自溶常使革兰氏阳性菌（见图2-3）呈阴性（见图2-4）。

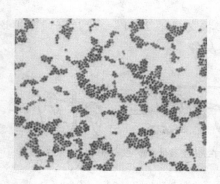

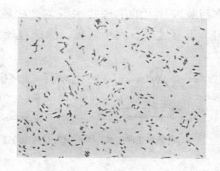

图2-3 革兰氏阳性菌　　　　　　　　图2-4 革兰氏阴性菌

二、细菌特殊构造染色

1. 芽孢染色法

芽孢是某些菌生长到一定阶段,细胞内形成一个圆形、椭圆形或卵圆形的内生孢子,是对不良环境有较强抵抗力的休眠体。细菌芽孢具有厚而致密的壁,透性低,不易着色,但一旦染色难以脱去。染色时用着色力强的染料在加热条件下促进芽孢染色,同时菌体也会着色,然后水洗,芽孢染上的颜色难以渗出,而菌体会脱色。然后用对比度强的染料对菌体复染,使菌体和芽孢呈现出不同的颜色,便于观察。

①制片:将培养24h左右的培养物,做涂片、干燥、固定。与革兰氏染色中的方法相同。

②染色:滴加3~5滴孔雀绿染液于已固定的涂片上,并在火焰上加热5min。

③水洗:倾去染液,待玻片冷却后水洗至孔雀绿不再褪色为止。

④复染:用番红水溶液复染1min,水洗。

⑤镜检:待干燥后,置油镜观察,芽孢呈绿色,菌体呈红色(见图2-5)。

⑥加热染液时,使染液冒蒸汽但不沸腾,切忌使染液蒸干,必要时可添加少许染液。加热时间从冒蒸汽时开始计算约5min。

2. 荚膜染色法

荚膜是包围在菌体细胞外的一层黏液性物质,其成分90%以上为水分,其次是多糖,此外还有多肽、蛋白质、糖蛋白等。因为荚膜不易被染色,所以常用衬托染色法,把菌体和背景着色,而把不着色且透明的荚膜衬托出来。在众多染色法当中湿墨水法较简单,并适用于各种有荚膜的细菌。

(1)操作步骤

①制备菌和墨水混合液:加一滴墨水于洁净的载玻片上,然后挑取少量菌体与其混合均匀。

②加盖玻片：将一洁净盖玻片盖在混合液上，然后在盖玻片上放一张滤纸，轻轻按压以吸去多余的混合液。

③镜检：背景灰色，菌体较暗，在菌体周围呈现明亮的透明圈即为荚膜（见图2-6）。

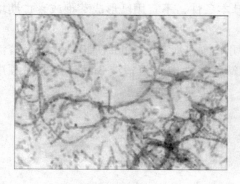 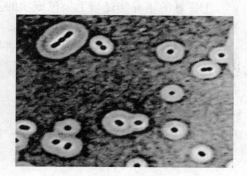

图2-5　细菌芽孢染色图（芽孢呈绿色，　　　　图2-6　细菌荚膜染色图
　　　　　 菌体呈红色）

（2）注意事项

①制片时一般不能用加热法固定，荚膜很薄易变形。

②加盖玻片时勿留气泡，以免影响观察。

3. 鞭毛染色法

鞭毛是细菌的运动器官，非常纤细，其直径为 $0.01 \sim 0.02\mu m$，一般只有在电子显微镜下才能观察到（见图2-7）。但如果使用特殊的鞭毛染色法，借助媒染剂和染色剂的沉淀作用，使染料堆积在鞭毛上，以加粗鞭毛的直径，同时使鞭毛着色，在普通光学显微镜下就能观察到。

图2-7　细菌鞭毛

（1）操作步骤

①取一干净载玻片，滴一滴生理盐水，用接种环蘸取少量大肠杆菌幼龄培养物，点在生理盐水中，使载玻片倾斜，随水流摊薄。

②平放在室温中自然干燥、固定。

③滴加新配制的鞭毛染色液，染色 10~15min。

④水洗 1~2min 后，在温箱中干燥镜检。

（2）注意事项

①良好的培养物是鞭毛染色成功的基本条件，不宜用已形成芽孢或衰亡期培养物做材料。老龄细菌鞭毛容易脱落。

②鞭毛染色法采用莱佛逊氏法，钾明矾饱和水溶液 20mL，20% 鞣酸水溶液 10mL，蒸馏水 10mL，95% 酒精 15mL，碱性复红饱和酒精液 3mL，按上述顺序混合，置于带塞玻璃瓶中保存。

问题探究

一、微生物染色染液的选择

用于微生物染色的染料，是一类苯环上带有发色基团和助色基团的有机化合物染料，通常是盐，常分为酸性染料和碱性染料。发色基团能赋予化合物颜色，助色基团则给予化合物能够成盐的性质，从而使染料不易被洗脱。在微生物染色中碱性染料更常用，这是因为：在中性、碱性或弱酸性的溶液中，细菌细胞通常带负电荷，而碱性染料在电离时，其分子的染色部分带正电荷，因此很容易与细菌结合使细菌着色，从而与背景呈鲜明对比，更易在显微镜下识别。而当细菌分解糖类产酸使 pH 下降时，细菌所带正电荷增加，此时可用伊红、酸性复红或刚果红等酸性染料染色。

常用的染色剂类型如表 2-1 所示。

表 2-1　　　　　　　　　　微生物实验常用染料一览表

名称	性质	发色基	助色基	用途
结晶紫（龙胆紫）	碱性	对位醌	—NH₂	革兰氏染色等
番红（沙黄）	碱性	双偶氮	—NH₂	革兰氏染色、核染色等
碱性复红	碱性	对位醌	—NH₂	核染色、鉴别结核杆菌等
美蓝	碱性	对位醌	—NH₂	活体染色、放线菌染色、氧化还原指示剂
中性红	碱性	醌环	—NH₂	活体染色、鉴别肠道细菌等
孔雀绿	碱性	对位醌	—NH₂	细菌芽孢染色等
刚果红	酸性	双偶氮	—NH₂	细菌负染色、酵母染色等
伊红	酸性	对位醌	—OH	细胞质染色、细胞的嗜酸性颗粒染色
酸性复红	酸性	对位醌	—NH₂	单染色等
荧光素	酸性	羰基	—OH	荧光染色
黑素（水溶黑素）	混合物			负染色

二、微生物染色的方法选择

微生物染色方法是非常多的（见图2-8），但一般分为单染色法和复染色法两种。前者用一种染色液染菌体后，就可以观察微生物的大小、形状和细胞排列状况，但不能鉴别微生物以及它的特殊构造等，所以单染色法只起便于观察的作用；而复染色法是用两种或两种以上染料，有协助鉴别微生物的作用，故亦称鉴别染色法，例如革兰氏染色法、芽孢染色法等。

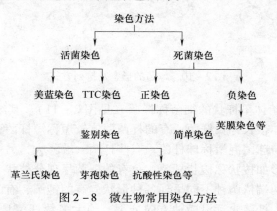

图2-8 微生物常用染色方法

知识拓展

一、微生物的形态特征是分类的重要依据

形态特征包括细胞的形状、大小、排列、革兰氏染色反应、有无鞭毛、鞭毛着生的位置和数目、有无芽孢、芽孢的部位和形状、有无荚膜等，这些都是重要的分类依据。

1. 细菌形态

细菌个体的基本外形呈球状、杆状和螺旋状，分别称为球菌、杆菌和螺旋菌（见图2-9）。

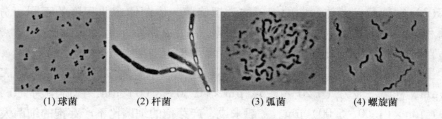

(1) 球菌　　(2) 杆菌　　(3) 弧菌　　(4) 螺旋菌

图2-9 显微镜下细菌形态

（1）球菌　菌体呈圆球形或椭圆形的细菌称球菌。按其分裂方式和分裂后

排列形式的不同，又可分为：单球菌、双球菌、四联球菌、八叠球菌、链球菌和葡萄球菌（见图2-10）。

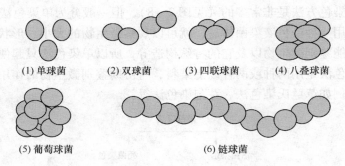

(1) 单球菌　　(2) 双球菌　　(3) 四联球菌　　(4) 八叠球菌

(5) 葡萄球菌　　　　　　(6) 链球菌

图2-10　球菌的形态及排列方式

（2）杆菌　菌体呈杆状的细菌称杆菌（见图2-11）。其细胞外形较球菌复杂，有的杆菌菌体很长称长杆菌；有的杆菌菌体较短称短杆菌；还有的杆菌长宽差不多，很容易与球菌混淆称球杆菌；有些杆菌一端膨大，另一端细小，形如棒状称棒状杆菌，形如梭状称梭状杆菌；也有的杆菌呈现分枝状、竹节状和弯月状等。杆菌菌体的两端依菌种不同呈现各种形状，有的钝圆、有的平截状、有的半圆形、有的略尖。杆菌永远沿横轴方向分裂，绝大多数杆菌是分散独立存在的，但也有成对相连，有呈栅状、"八"字状，也有呈链状排列。

(1) 短杆菌　　　　(2) 长杆菌　　　　(3) 棒状杆菌

图2-11　杆菌的形态

（3）螺旋菌　菌体弯曲的细菌称为螺旋菌。依菌体弯曲程度的不同可分为：弧菌和螺旋菌。螺旋不足一环者称为弧菌，满足2环以上者称为螺旋菌。

自然界中存在的细菌，以杆菌最为常见，球菌次之，而螺旋菌的最少。

虽然细菌的大小差别很大，但一般不超过几微米。大多球菌的直径为0.20～1.25μm，杆菌一般为（0.20～1.25）μm×（0.30～8.00）μm，螺旋菌为（0.30～1.00）μm×（1.00～5.00）μm。一般来说，产芽孢的细菌比不产芽孢的细菌大。

2. 结构与功能

细菌的结构可以分为基本构造和特殊构造，基本构造是指细菌都具有的结构，包括细胞壁、细胞膜、细胞质和细胞核（核区或拟核）；特殊构造是指部分细菌所特有的结构，包括鞭毛、芽孢、荚膜、纤毛等。

（1）细菌基本构造　细胞壁位于细胞最外层，是一层厚实、坚韧的外被，主要成分是肽聚糖。

细胞膜又称细胞质膜、质膜或内膜，是一层紧贴细胞壁内侧，包围着细胞质的柔软、脆弱、富有弹性的半透性膜，常由磷脂和蛋白质等成分组成。

细胞质是指被细胞膜包围的除了核区以外的一切半透明、胶体状、颗粒状物质的总称。其含水量约为80%，除此之外还有蛋白质、核酸、核糖、脂类、糖类和无机盐等。

细菌细胞核又称为核区或拟核，因其无核膜、核仁，只有一条染色体，无固定形态，但与细胞质明显区分。细菌细胞核主要成分是脱氧核糖核酸（DNA）、核糖核酸（RNA）及蛋白质等。

（2）细菌特殊构造　芽孢是在细菌生长发育后期，原生质浓缩所形成的壁厚、含水量低、抗逆性强的休眠构造。芽孢在适宜的条件下可重新萌发形成一个新的菌体。芽孢的有无、大小、形状和位置，是细菌种类鉴定的重要依据。能产生芽孢的细菌种类很少，一般杆菌中较常见，主要是好氧性的芽孢杆菌属和厌氧性的梭菌属。

荚膜是细胞表面分泌的一层松散、透明的黏液状物质。按有无固定层次、层次厚薄分为荚膜、微荚膜、黏液层等。荚膜的有无、厚薄程度与菌种遗传特性相关，也与环境营养条件密切相关。荚膜的主要成分是水，还有少数蛋白质和多肽等，荚膜也与菌种致病力有一定关系。

鞭毛是生长在某些细菌表面的长丝状、波曲的蛋白质附属物，其数目为一至数十条不等，具有运动功能。鞭毛着生的位置和数目，由细菌的遗传特性决定，是菌种鉴定的重要依据（见图2-12）。

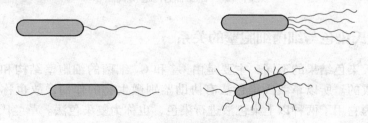

图2-12　鞭毛着生模式图

菌毛又称为纤毛、伞毛等，是一种长在细菌体表的纤细、中空、短直且数量较多的蛋白质类附属物。可分为普通纤毛和性菌毛，前者更细，短且数量多，能使细菌黏附在物体上；后者较粗、长，且每个细胞仅一至少数几根，是细菌交配器官，传递遗传物质。

细菌常见的基本构造与特殊构造及其功能见表2-2，细菌细胞构造模式见图2-13。

表 2 - 2　　　　　　　　　　　　细菌常见基本构造与特殊构造及其功能

	细胞结构	功能
基本构造	细胞壁	固定菌体外形，保护菌体
	细胞膜	吸收排出新陈代谢物质，能量代谢，多种合成代谢场所
	细胞质	物质的合成分解场所
	细胞核	负载遗传信息
特殊构造	鞭毛	细菌的运动器官
	芽孢	抵抗不良环境的休眠体
	荚膜	加强细菌的致病力，养料储藏库，抗干燥作用
	菌毛	使细菌相互黏着或附着在物体上，细菌的交配器官，传递遗传物质

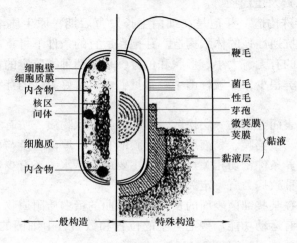

图 2 - 13　细菌细胞构造模式图

二、革兰氏染色与细菌细胞壁的关系

革兰氏染色结果的不同，主要是由 G⁺ 和 G⁻ 细菌的细胞壁结构和化学组成不同所造成的。所以革兰氏染色法有协助鉴别微生物的作用，故也称鉴别染色法，也因为它用了两种以上染色液进行染色，也称为复染色法。革兰氏染色反应的主要操作步骤如图 2 - 14 所示。

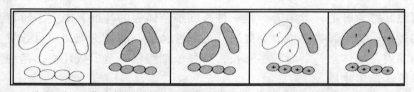

涂片固定 → 草酸铵结晶紫初染 → 碘液媒染 → 95%乙醇脱色 → 番红复染

图 2 - 14　革兰氏染色反应的主要操作步骤

细胞壁是细菌的基本构造，是菌体的外壁。细胞壁坚韧而略有弹性，起着固定菌体外形和保护菌体的作用。其质量约占细胞干重的 10%～20%。各种细菌的细胞壁厚薄不等，一般在 10～80nm。

G^+ 细菌和 G^- 细菌的细胞壁不仅存在组分上的差别，在细胞结构上也有差别（见表 2-3）。G^+ 细菌细胞壁只有一层，厚约 20～80nm，含磷壁酸。G^- 细菌细胞壁不含磷壁酸，有两层，里面一层称为硬壁层，厚约 2～3nm，外面一层称为外壁层，厚约 8～10nm。G^+ 细菌细胞壁结构致密，肽聚糖含量高，脂类含量低，结晶紫-碘复合物进入后使其孔径缩小，经乙醇处理使其通透性降低，结晶紫-碘复合物被保留在细胞壁内，使菌体呈紫色。G^- 细菌细胞壁结构疏松，肽聚糖含量低，更多的是外壁层中的脂多糖、脂蛋白，乙醇处理后将脂类溶解，孔径增大，通透性增加，结晶紫-碘复合物极易脱出，菌体变成无色，再经番红复染，菌体变成红色。

表 2-3　　　　　　　　　　G^+ 细菌和 G^- 细菌的特征

特征	革兰氏阳性细菌	革兰氏阴性细菌	
		硬壁层	外壁层
厚度/nm	20～80	2～3	8～10
肽聚糖	占细胞壁干重的40%～90%	5%～10%	无
磷壁酸	有（或无）	无	无
脂多糖	1%～4%	无	11%～22%
脂蛋白	无	有或无	有

实训项目拓展

一、细菌的简单染色

简单染色法是利用单一染料对细菌进行染色的一种方法。此法操作简便，适用于菌体一般形状和细菌排列的观察。常用碱性染料进行简单染色，包括吕氏碱性美蓝、结晶紫、碱性复红等。具体操作步骤如下。

（1）涂片　取一块干净的载玻片，平放，在载玻片中央滴一小滴生理盐水，用接种环无菌操作从琼脂斜面上挑取适量菌苔置于载玻片中央生理盐水中混匀并涂成薄膜。

（2）干燥　将涂好菌膜的载玻片平放在室温下自然干燥，也可用电吹风低温吹干。

（3）固定　使已干燥的涂有菌膜的载玻片涂面朝上，在酒精灯火焰上通过 2～3次。

（4）染色　滴加染液于涂片上，以染液刚好覆盖涂片薄膜为宜。

染色时间：吕氏碱性美蓝染色 1～2min；草酸铵结晶紫和石炭酸复红染色

约 1min。

（5）水洗　将细菌涂片上染液倒入废液缸中，手持细菌染色涂片，置于废液缸上方，用洗瓶中蒸馏水从涂片上方冲洗，直至流下的水无色为止。

（6）干燥后镜检。

二、微生物的测微技术

微生物细胞的大小可借助显微镜的目镜测微尺测得。通过对微生物细胞大小的测量，可以更好地对其描述，有助于微生物的分类鉴定。

目镜测微尺是一块可放在目镜内的圆形玻片，中央精确刻有 50 等份或 100 等份的小格（见图 2-15），每格的长度随显微镜的不同放大倍数而改变。因此，在使用目镜测微尺前，应先用镜台测微尺进行标定（见图 2-16），才能确知目镜测微尺每格所代表的精确长度。

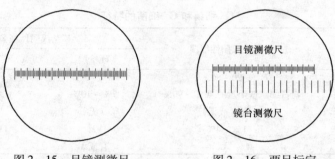

图 2-15　目镜测微尺　　　　　图 2-16　两尺标定

镜台测微尺是一块特制的载玻片，其中央有一全长为 1mm 的刻度标尺，等分为 100 小格，每小格的长度为 $10\mu m$，用来标定目镜测微尺每小格长度（见图 2-17）。

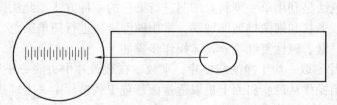

图 2-17　镜台测微尺及其放大部分

利用目镜测微尺进行测量的具体步骤如下。

1. 装目镜测微尺

将目镜测微尺装入目镜的隔板上，使刻度面朝下。

2. 放置镜台测微尺

把镜台测微尺放在载物台上，使其刻度面朝上，用推进器或载片夹固定。

3. 镜下标定

先用低倍镜找到镜台测微尺的格线，并将其移到视野中央，然后转至高倍镜或油镜下进行标定。

（1）高倍镜下标定方法　首先找到镜台测微尺的格线，使两测微尺的第一条格线相重合，自此向右寻找另外两尺相重合的直线，并记录两个重叠线间目镜测微尺和镜台测微尺的各自格数。按下式算出目镜测微尺每格长度（μm）。

$$目镜测微尺每格长度 = \frac{镜台测微尺格数}{目镜测微尺格数} \times 10\,\mu m$$

例如：镜台测微尺的 3 格与目镜测微尺的 20 格相重叠，则目镜测微尺每格的长度为 1.5 μm。

（2）油镜下标定方法　按照显微镜油镜的使用方法，在镜台测微尺上滴适量香柏油，浸油后找到镜台测微尺的格线，并将镜台测微尺一条格线与目镜测微尺的一条格线对齐，看镜台测微尺 1 格与目镜测微尺几格相对即可算出目镜测微尺每格长度。

例如：镜台测微尺 1 格与目镜测微尺 8 格相对，则目镜测微尺每格长度为 10 ÷ 8 = 1.25（μm）。

测出目镜测微尺每格长度后，移出镜台测微尺，滴加 1~2 滴二甲苯至镜台测微尺上，过一会儿用吸水纸吸干，再用擦镜纸把镜台测微尺擦净、包好，放入盒内。

4. 测量微生物的大小

将待测微生物标本片放在载物台上，按油镜使用方法找到微生物，逐步测量其长度和宽度，并做好记录。一般测量多个（10 个以上）微生物细胞的大小，计算出平均值。球菌取直径，杆菌大小以长（μm）×宽（μm）表示。

▶ **课后思考**

1. 考虑哪些环节会影响革兰氏染色结果的正确性？其中最关键的环节是什么？
2. 革兰氏染色为何与细胞壁有关？
3. 细菌的鞭毛有哪些类型？鞭毛的功能是什么？
4. 细菌的芽孢有何特点？其生理意义是什么？
5. 细菌荚膜的成分是什么？有何生理作用？
6. 制备细菌染色标本时，尤其应该注意哪些环节？
7. 为什么要求制片完全干燥后才能用油镜观察？
8. 如果涂片未经加热固定，将会出现什么问题？如果加热温度过高、时间太长，又会怎样呢？
9. 为什么细菌染色常用碱性染料？什么情况下用酸性染料？

10. 什么是鉴别染色？有何优点？

11. 革兰氏染色方法中初染、媒染、脱色、复染的目的是什么？

12. 革兰氏染色操作的关键步骤是什么？为什么？

13. 芽孢染色加热的目的是什么？若不加热行不行？

14. 芽孢染色除了孔雀绿染色法外，是否还有其他染色方法？

15. 计算出目镜测微尺在高倍镜和油镜下每格的长度。

16. 记录测定 10～20 个菌体的长宽，计算其平均值。

17. 为什么使用不同放大倍数的目镜或物镜时，必须用镜台测微尺重新对目镜测微尺进行校正？

18. 在不改变目镜和目镜测微尺而改用不同放大倍数的物镜来测定同一菌体的大小时，其测定结果是否相同？为什么？

项目3

放线菌、酵母菌、霉菌细胞形态观察

项目导入

　　酵母菌与人类的关系极为密切，它是人类应用比较早的微生物，早在 4000 多年前，我们的祖先就会利用酵母酿酒。千百年来，人类的生活几乎离不开酵母，例如酿酒、制作面包、生产乙醇、生产饲用、药用和食用的单细胞蛋白（SCP）；从酵母菌体中提取核糖核酸、核黄素、细胞色素 c、B 族维生素等；此外，酵母菌在基因工程中还是最好的模式真核微生物。但是，某些酵母菌也是发酵工业的有害菌，例如，分解酒精的酵母可引起酒类饮料的败坏，耐渗透压酵母可引起果酱、蜜饯和蜂蜜的变质，甚至某些酵母菌还可引起人或动物的疾病，例如白假丝酵母可引起皮肤、黏膜、呼吸道、消化道等多种疾病。

　　霉菌是丝状真菌的统称，在自然界分布很广，种类繁多，与人类的日常生活关系十分密切。常造成粮食、水果、蔬菜及农副产品腐败变质，少数霉菌能产生毒素引起食物中毒，例如，黄曲霉和寄生曲霉能产生黄曲霉毒素，其毒性极强，具有致癌性。许多霉菌还是动植物的致病菌，例如可以引起马铃薯晚疫病、小麦的麦锈病和水稻的稻瘟病，以及人和动物皮肤表面癣症等。但也有一些霉菌可应用于食品工业，例如利用霉菌来制曲、制造腐乳、做酱或酱油等，利用霉菌还可生产酶制剂（淀粉酶、蛋白酶、果胶酶等）、有机酸和抗生素等。

　　而放线菌的细胞结构与细菌结构相似，同属原核微生物，但其形态为菌丝状，这一点又与霉菌相似。因此常把放线菌看成是细菌向真菌的过渡类型。放线菌在自然界分布十分广泛，土壤、水、空气中均有，尤其是富含有机物偏碱性的土壤中特别多。少数放线菌可引起人、动物（如皮肤、脑、肺和脚部感染）、植物（如马铃薯和甜菜的疮痂病）的疾病，放线菌更多应用于医药上生产抗生素，如井冈霉素、链霉素、春雷霉素等。

材料与仪器

1. 菌种

啤酒酵母菌、总状毛霉、黑根霉、米曲霉、产黄青霉、弗氏链霉菌等。

2. 试剂

0.1%吕氏美蓝染色液、5%孔雀绿水溶液、0.05%碱性复红、中性红染色液、卢戈氏碘液、乳酸石炭酸棉蓝染色液。

3. 培养基

豆芽汁或麦芽汁培养基、马铃薯葡萄糖琼脂培养基、察氏培养基、高氏1号培养基。

4. 仪器与用具

普通光学显微镜、恒温箱、载玻片、盖玻片、培养皿、酒精灯、接种环、吸水纸等。

实践操作

一、水浸片法观察酵母菌

美蓝染色液着色慢，染色时间长但效果清晰。同时酵母活细胞具有新陈代谢作用，使细胞内氧化还原电位低，且还原力强，当无毒的染料进入活细胞后，可以被还原脱色，但染料进入死细胞及新陈代谢缓慢的老细胞后，这些细胞因无还原能力而被着色，故可以此区分死活细胞。

1. 步骤

（1）取美蓝染色液1滴，置于洁净载玻片中央。

（2）用接种环在无菌操作下，取啤酒酵母（豆芽汁或麦芽汁做培养基，在28~30℃温箱中，培养2~3d）少许，置于美蓝染液中充分混匀。

（3）盖上盖玻片。取一块盖玻片，先将盖玻片的一边与染液接触，然后将盖玻片慢慢放下（见图3-1），再将多余染液用吸水纸吸干。

（4）镜检。染色3min后，先用低倍镜观察，再用高倍镜观察。注意酵母菌形状和出芽方式，活细胞无色，死细胞为蓝色。

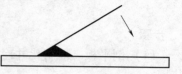

图3-1 加盖玻片的方式

2. 注意事项

（1）染液不宜过多或过少，否则，在盖上盖玻片时，菌液会溢出或出现大量的气泡而影响观察。

（2）盖玻片不宜平着放下，以免产生气泡影响观察。

（3）未被染色的为活细胞，被染成蓝色的为死细胞。

二、霉菌细胞形态观察

直接制片观察法：霉菌的营养体是分枝的菌丝体，其形态特征和孢子的形态特征是识别不同种类霉菌的重要依据。由于霉菌菌丝粗大，细胞易收缩变形且孢子很容易飞散，若将菌丝置于水中易变形，所以一般用乳酸石炭酸棉蓝染液制片。

1. 步骤

（1）在载玻片上加一小滴乳酸石炭酸溶液。

（2）用接种针从霉菌菌落边缘挑取少量已产孢子的霉菌菌丝，置于载玻片上的溶液中。

（3）用接种针小心地将菌丝分散开。

（4）盖上盖玻片，置低倍镜下观察，必要时换高倍镜观察。

2. 注意事项

（1）在直接制片观察时，挑菌要细心，尽可能保持霉菌的自然生长状态。

（2）尽量挑取菌落边缘的培养物，因为其菌龄最年轻。

（3）在直接制片加盖玻片观察时勿压入气泡，以免影响观察。

三、放线菌细胞形态观察

插片法：将放线菌接种在琼脂平板上，插上灭菌盖玻片后培养（见图3-2），使放线菌菌丝沿着培养基表面与盖玻片的交接处生长而附着在盖玻片上。观察时轻轻取出盖玻片，置于载玻片直接镜检。这种方法可以观察到放线菌自然生长状态下的特征，而且便于观察不同生长期的形态。

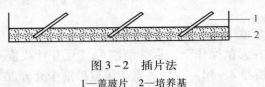

图3-2　插片法
1—盖玻片　2—培养基

1. 步骤

（1）倒平板　取熔化并冷至大约50℃的高氏1号琼脂培养基约20mL。凝固待用。

（2）接种　用接种环挑取菌种斜面培养物（孢子）在琼脂平板上划线接种。

（3）插片　以无菌操作用镊子将灭菌的盖玻片以大约45°角插入琼脂内（插在接种线上）。

（4）培养　将插片平板倒置，28℃培养，3~5d。

（5）镜检　用镊子小心拔出盖玻片，擦去背面培养物，然后将有菌的一面朝上放在载玻片上，直接镜检。

2. 注意事项

（1）平板上划线时要密些，以利插片。

（2）插片数量根据需要而定。

问题探究

一、酵母菌美蓝染色的原理

美蓝是一种无毒性染料，它的氧化型是蓝色的，而还原型是无色的，用它来对酵母的活细胞进行染色，由于细胞中新陈代谢的作用，使细胞内具有较强的还原能力，能使美蓝从蓝色的氧化型变为无色的还原型，所以酵母的活细胞无色，而对于死细胞或代谢缓慢的老细胞，则因它们无此还原能力或还原能力极弱，而被美蓝染成蓝色或淡蓝色。因此，用美蓝水浸片不仅可观察酵母的形态，还可以区分死、活细胞。但美蓝的浓度、作用时间等均有影响，应加注意。

二、放线菌形态观察原理

在显微镜下观察放线菌菌丝体时，气生菌丝在上层，基内菌丝在下层，气丝色暗，基丝较透明。孢子丝依种类的不同，有直、波曲、各种螺旋形或轮生。在油镜下观察，放线菌的孢子有球形、椭圆形、柱状或杆状。能否产生菌丝体及由菌丝体分化产生的各种形态特征是放线菌分类鉴定的重要依据。为了观察放线菌的形态特征，人们设计了各种培养和观察方法，这些方法的主要目的是为了尽可能保持放线菌自然生长状态下的形态特征。

三、霉菌形态观察原理

直接制片观察法是将培养物置于乳酸石炭酸棉蓝染色液中，制成霉菌制片镜检。用此染液制片的特点主要是，细胞不变形；具有防腐作用，不易干燥，能保持较长时间；能防止孢子飞散；染液的蓝色能增强反差。必要时，还可用树胶封固，制成永久标本长期保存。

而载玻片观察法可使霉菌在载玻片和盖玻片之间的空间内沿盖玻片横向生长，可以保持霉菌自然生长状态，也便于观察不同发育期的培养物。也可用同观察放线菌类似的玻璃纸法培养观察。

知识拓展

一、放线菌的形态结构与功能

放线菌是单细胞原核生物，细胞结构与细菌相似，但形态和功能与霉菌相似，菌体是由分枝状的菌丝组成，分基内菌丝和气生菌丝（见图3-3），气生菌丝生长发育到一定阶段分化形成孢子丝。孢子丝在菌丝着生状态有互生、丛生或轮生（见图3-4），形态有直线状、环状或螺旋状（见图3-5）等。孢子丝成熟分裂为形态各异的孢子。孢子丝的着生状况、形态及孢子的形状、颜色等特征是放线菌分类的重要依据。

放线菌细胞呈丝状分枝，菌丝直径很细，小于 $1\mu m$，菌丝内无隔，故一般呈多核的单细胞状态。

图3-3　放线菌菌丝模式图　　图3-4　单轮生孢子丝　　　　图3-5　螺旋状孢子丝

二、酵母菌的形态结构与功能

酵母菌的个体形态主要有球形、椭圆形、卵圆形、柠檬形、腊肠形，某些菌种在特殊条件下，生成的菌体互相连接形如菌丝状，称为"假菌丝"。

酵母菌是不运动的单细胞微生物，属真核生物，具有典型的细胞结构，包括细胞壁、细胞膜、细胞质、细胞器、细胞核以及内含物等（见图3-6和图3-7）。

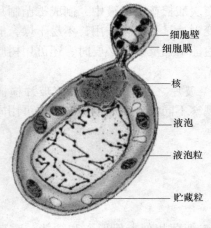

细胞壁
细胞膜

核

液泡

液泡粒

贮藏粒

图3-6　酵母菌细胞结构

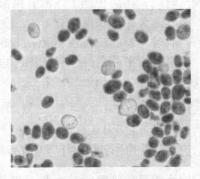

图3-7　美蓝染色的酵母菌细胞

酵母菌的菌体比细菌大，细胞直径约为细菌的 10 倍，细胞核与细胞质已有明显的分化。繁殖方式也较复杂，无性繁殖主要是出芽生殖，有性繁殖主要是产生子囊孢子的形式。

三、霉菌的形态结构与功能

霉菌是由交织在一起的菌丝体构成。构成霉菌营养体的基本单位是菌丝。菌丝是管状细丝，分枝或不分枝。菌丝的宽度一般有 3～10μm，与酵母菌细胞直径相似，菌丝可以不断伸长和分枝，许多菌丝交织在一起，称为菌丝体。

根据菌丝中是否存在隔膜，可把霉菌的菌丝分为无隔菌丝和有隔菌丝（见图 3－8），前者为一些毛霉和根霉等低等真菌所具有，整个菌丝体就是一个单细胞，内含许多的细胞核，随菌丝的伸长和分枝，只有核的分裂而无细胞分裂；后者为一些青霉和曲霉等高等真菌所具有，菌丝中有很多中央有孔的横隔膜，把菌丝隔成

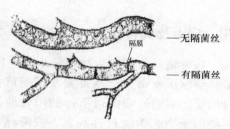

图 3－8　霉菌菌丝

很多段，每两个隔膜之间可看成一个细胞，每个细胞中有一个或几个核，随着菌丝伸长与分枝，不仅有核的分裂，还有隔膜形成。霉菌菌丝体除基本结构以外，有的霉菌还有一些特化形式，例如假根、匍匐菌丝等。霉菌的繁殖方式也很复杂，包括产生孢囊孢子、厚垣孢子、分生孢子和节孢子等无性孢子，也包括产生子囊孢子、卵孢子、结合孢子和担孢子等有性孢子。

霉菌的菌丝在一定的条件下，或发育到一定的阶段，可形成各种特殊的组织或结构。它们是由很多菌丝聚集在一起而形成，这些特殊组织或结构可起到繁殖、传播以及增强对不良环境抵抗力的作用。

部分霉菌显微状态及孢子结构见图 3－9 至图 3－14。

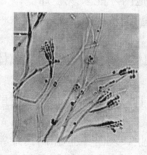
图 3－9　橘青霉显微形态

图 3－10　黑曲霉显微形态

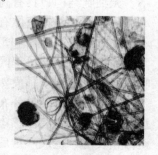
图 3－11　根霉显微形态

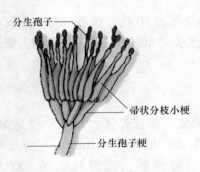

图 3 – 12　青霉分生孢子头模式图

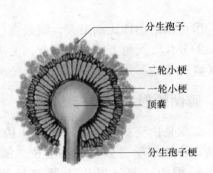

图 3 – 13　曲霉分生孢子头模式图

四、病毒及其特性

病毒是目前已知生物中最小的。1982 年前苏联科学家伊万诺夫斯基首先发现烟草花叶病的感染因子能够通过细菌通不过的微孔滤器。把这种感染因子命名为滤过性病毒，或简称病毒。随后牛口蹄疫病毒、人黄热病毒、细菌病毒（噬菌体）、昆虫病毒也相继被发现。由于电子显微镜技术的发展，X 射线衍射技术和超速离心机等先进仪器的应用，人们对病毒的研究已进入一个崭新的阶段。目前已发现有千余种病毒，寄生于生物界，包括原核生物、低等和高等动植物，以及人类都受到病毒的危害。病毒对食品的污染主要表现在噬菌体在发酵工业的污染，了解并掌握病毒的特性，防止噬菌体对食品的污染具有重要意义。

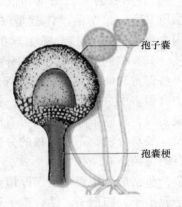

图 3 – 14　孢囊结构模式图

噬菌体是寄生在细菌和放线菌体内的病毒，具有病毒一般特性，包括个体微小、无细胞结构、具有高度的寄生性，须寄生于活体细胞内才能表现生命。

目前已知的噬菌体有蝌蚪形、微球形和纤形三种类型，从结构上看，有六种不同的类群，如图 3 – 15 所示。

噬菌体的繁殖过程同其他病毒相似，以蝌蚪形噬菌体为例，它可分为噬菌体吸附、侵入、增殖、成熟和释放五个阶段。

噬菌体在自然界分布十分广泛，它们可附着于尘埃上，到处飞扬，一旦发酵过程中菌种被噬菌体感染，在短时间内就会发生溶菌现象，出现不正常发酵，甚至停止发酵，造成严重后果。利用微生物发酵的食品工业、发酵工业和制药业常受到噬菌体的威胁。目前在对已污染噬菌体的发酵液尚无处理办法的情况下，应采取预防为主、综合防治的措施，才能减少或消灭噬菌体的危害。利用噬菌体侵染的专一性，可进行细菌的鉴别和分类，也可用于临床诊断和疾病治疗。

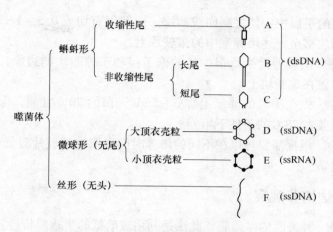

图 3 – 15　噬菌体的形态结构分类

一、霉菌载玻片培养观察法

用无菌操作将马铃薯葡萄糖琼脂培养基薄层置于载玻片，接种后盖上盖玻片置于 28℃培养，霉菌即可在载玻片和盖玻片之间的有限空间内沿盖玻片横向生长（见图 3 – 16）。培养一定时间后，将此载玻片置于显微镜下观察。此方法既可以保持霉菌自然生长状态，又便于观察不同发育期的霉菌。

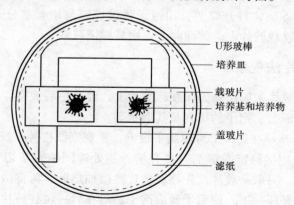

图 3 – 16　霉菌载玻片法培养示意图

（1）培养小室的灭菌　在平皿底铺一张略小于皿底的圆形滤纸片，再放一U 形玻棒，其上放一洁净的载玻片和两块盖玻片，盖上皿盖，包扎后于 121℃灭菌 30min，备用。

（2）琼脂块的制作　取已灭菌的马铃薯琼脂（或察氏琼脂）培养基 6～7mL

注入另一灭菌的平皿中，使之凝固成薄层。用解剖刀切成 $0.5 \sim 1cm^2$ 的琼脂块，并将两块琼脂块移至上述培养室中的载玻片上。

（3）接种　用接种针挑取很少量的孢子接种于琼脂块的边缘，用无菌的镊子将盖玻片覆盖在琼脂块上。

（4）培养　先在平皿的滤纸上加 $3 \sim 5mL$ 灭菌的 20% 甘油，保持平皿内的湿度，盖上皿盖在 28℃ 的条件下培养。

（5）镜检　根据需要可以在不同的培养时间内取出载玻片置低倍镜下观察，必要时换高倍镜。

二、玻璃纸法培养观察

玻璃纸是一种透明的半透膜。此法是利用玻璃纸的半透膜特性及透光性，将霉菌或放线菌生长在覆盖于琼脂培养基表面的玻璃纸上，然后将长菌的玻璃纸剪取一小片，贴放在载玻片上用显微镜观察。这种方法既能保持霉菌或放线菌的自然生长状态，也便于观察不同生长期的形态特征。

（1）倒平板　取熔化并冷至大约 50℃ 的马铃薯葡萄糖培养基或高氏 1 号培养基。

（2）铺玻璃纸　用无菌镊子将已灭菌（$160 \sim 170℃$ 干热灭菌 $1 \sim 2h$）、直径略小于培养皿的圆形玻璃纸覆盖于培养基平板上。

（3）用接种环挑取菌种斜面培养物（孢子）在玻璃纸上划线接种。

（4）将平板倒置，28℃ 温室培养 $3 \sim 5d$。

（5）取出培养皿，打开皿盖，用镊子将玻璃纸与培养基分开，再用剪刀剪取一小片玻璃纸置载玻片上，菌面向上，用显微镜观察。

三、放线菌印片法观察

将要观察的放线菌的菌落先印在载玻片上，经染色后观察。这种方法主要用于观察孢子丝的形态、孢子的排列及其形状等。

（1）接种培养　在高氏 1 号琼脂平板上，常规划线接种，28℃ 培养 $4 \sim 7d$。

（2）印片　用接种铲或解剖刀在有培养物处连同培养基切下一小块，放在一洁净载玻片上。另取一玻片，先将载玻片微微加热后，再将微热的载玻片放在有菌苔的上面轻轻压一下，使孢子丝或孢子黏附在后一块载玻片上，注意不要移动载玻片，以防弄乱印痕。反转载玻片，有印记一面向上，通过火焰 $2 \sim 3$ 次加热固定。

（3）石炭酸复红染色 $1min$，水洗晾干、镜检。

▶ 课后思考

1. 如何在显微镜下区分毛霉、根霉、曲霉和青霉？
2. 如何在显微镜下区分放线菌和霉菌？
3. 美蓝染液鉴定酵母死活细胞的原理？如何鉴定？
4. 插片法和印片法观察放线菌各有何优点？
5. 霉菌菌丝的基本形态由哪两部分组成？各自功能如何？
6. 载玻片培养还适宜培养哪类微生物进行形态观察？
7. 为什么载玻片培养所用的材料均要灭菌？

项目4 ▶

常见微生物培养特征观察

项目导入

微生物的培养特征是指微生物在培养基上生长所表现出的群体形态和生长情况。一般可用斜面、液体和半固体培养基来检验不同微生物的培养特征。菌落形态是指某种微生物在一定的培养基上由单个菌体形成的群体形态。它们培养在斜面培养基上，可以呈丝线状、刺毛状、串珠状、疏展状、树枝状或假根状。生长在液体培养基内，可以呈浑浊、絮状、黏液状、形成菌膜、上层清晰而底部显沉淀状。穿刺培养在半固体培养基中，可以沿接种线向四周蔓延；或仅沿线生长；也可上层生长得好，甚至连成一片，底部很少生长；或底部长得好，上层基本不生长。微生物的培养特征，可以作为它们的种类鉴定和识别纯培养是否污染的参考。

细菌、放线菌、酵母菌和霉菌，每一类微生物在一定培养条件下形成的培养特征各具有某些相对的特征，利用这些特征来区分各大类微生物及初步识别、鉴定微生物，方法简便快速，在科研和生产实践中常被采用。

检验微生物的培养特征，或进行其他微生物学实验时，接种过程必须保证不被其他微生物所污染，为此，除工作环境要求尽可能地避免或减少杂菌污染外，熟练地掌握各种无菌操作接种技术是很重要的。

材料与仪器

1. 菌种

金黄色葡萄球菌、大肠杆菌、枯草芽孢杆菌、酿酒酵母、红酵母、啤酒酵母、假丝酵母、根霉、青霉、黑曲霉、白地霉和木霉。

2. 培养基

牛肉膏蛋白胨培养基、麦芽汁液琼脂培养基、马铃薯葡萄糖琼脂培养基（斜面、液体、半固体）。

3. 仪器与用具

接种环、接种针、无菌吸管、酒精灯等。

实践操作

微生物的培养特征是指微生物在固体培养基上、半固体和液体培养基中生长后表现出的群体形态特征。不同的微生物有其固有的培养特征。在平板上主要观察菌落表面结构、形态及边缘等状况；斜面上呈不同的生长形状；穿刺在半固体培养基中，可以沿接种线向四周蔓延或仅沿线生长；生长在液体培养基内，可以呈浑浊、絮状、黏液状、形成菌膜等。

一、步骤

微生物单菌落形态观察操作步骤见模块二中项目8，本项目采用斜面、半固体和液体培养基来检测不同微生物的培养特征。

1. 斜面接种（图4-1）

（1）在试管斜面上用记号笔标明接种的菌种名称、株号、日期和接种者。

（2）将菌种试管和待接种的斜面试管放在手掌内并将中指夹在两试管之间，使斜面向上呈水平状态，在火焰边用右手松动试管塞以利于接种时拔出。

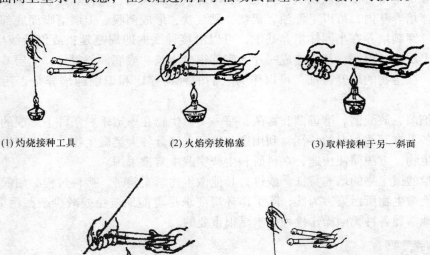

(1) 灼烧接种工具　　　　(2) 火焰旁拔棉塞　　　　(3) 取样接种于另一斜面

(4) 试管口灭菌塞回棉塞　　　　(5) 接种工具灭菌

图4-1　固体斜面接种方法

（3）右手拿接种环通过火焰灼烧灭菌，在火焰边用右手的手掌边缘和小指，小指和无名指分别夹住棉塞将其取出，并迅速灼烧管口。

（4）将灭菌的接种环伸入菌种试管挑取少许菌苔，迅速伸入待接种的斜面试管，用环在斜面上自试管底部向上轻轻划一直线。

（5）接种环退出斜面试管，火焰灼烧管口，接种环灼烧灭菌。

（6）接种后培养基放培养箱培养后观察结果。

2. 液体培养基接种

向液体培养基接种少量菌体时，其操作步骤基本与斜面接种法相同，不同之处是挑取菌苔的接种环放入液体培养基试管后，应在液体表面处的管内壁上轻轻摩擦，使菌体分散，从环上脱开，塞上试管塞后混匀。

若向液体培养基中接种量大或要求定量接种时，可按如下方法进行：用无菌水或液体培养基注入菌种试管，用接种环将菌苔刮下，再将菌种悬液以无菌吸管定量吸出加入，或直接倒入液体培养基。

3. 穿刺接种

用接种针挑取菌种（针必须挺直），自培养基的中心垂直地刺入半固体培养基中，直至接近管底，但不要穿透，然后沿原穿刺线将针拔出，塞上试管塞，烧灼接种针，如图4-2所示。

二、注意事项

（1）取试管棉塞或试管帽时要缓慢拔出，不要用力过猛。

（2）所划直线尽可能直，不要重复划几条线或划成蛇形。

（3）不要将培养基划破，也不要使接种环接触管壁或管口。

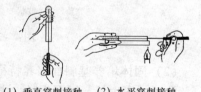

（1）垂直穿刺接种　　（2）水平穿刺接种

图4-2　半固体培养基穿刺接种法

（4）灭菌接种环取样时，应先将环接触试管内壁或未长菌的培养基，使接种环温度下降达冷却目的。

（5）接种完毕后，接种环灼烧灭菌，若沾上菌体较多，应先将环在火焰边烤干，然后灼烧，以免菌种飞溅而污染环境，对病原菌接种尤其如此。

问题探究

培养特性也是微生物分类的重要依据。

各种微生物在固体培养基、液体培养基、半固体培养基中的培养特性是各异的，所以可以作为分类鉴定的依据，例如菌落的形状、大小、颜色、光泽、黏稠度、透明度、质地、移动性、气味及有无水溶性色素等。在半固体培养基上观察穿刺培养后的生长及运动情况。在液体培养基中观察液体是否浑浊、表面有无菌膜、管底有无沉淀、管中有无气泡、培养液有无颜色变化等。培养特征也作为纯培养是否被污染的参考。

(1) 固体培养基上菌落特征，其评价项目为：

大小：以菌落的直径为多少毫米表示。

形状：斑点状（直径在 1mm 以下）、圆形、丝状、不规则状、放射状、卷发状、根状等。

表面：光滑、皱、颗粒状、同心环状、辐射状、龟裂状等。

边缘：完整、锯齿状、波状、裂中状、有缘毛、多枝等。

隆起程度：扁平、凸起、中凹台状、突脐状、台状等。

透明程度：透明、半透明、不透明。

颜色：黄色、乳白、乳黄等。

部分菌落形态举例描述见图 4 - 3。

图 4 - 3　菌落形态举例描述

(2) 固体培养基斜面培养特征，按照下列项目观察和记载：

生长：不生长、微弱生长、中等生长、旺盛生长。

形状：丝状、刺毛状、念珠状、扩展状、假根状、树状（见图 4 - 4）。

表面：光滑、不平、皱褶、瘤状突起。

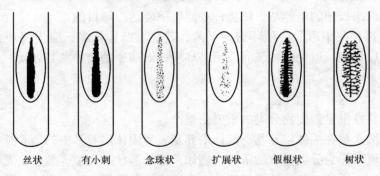

图 4 - 4　微生物的固体斜面培养特征举例

颜色：菌苔颜色（是否产非水溶性色素）、培养基颜色（是否产水溶性色素）。

透明程度：透明、不透明、半透明。

（3）液体培养特征观察项目包括：表面状况、浑浊程度、沉淀状况、有无气泡和色泽等（见图4－5）。

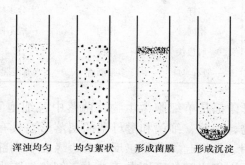

浑浊均匀　　均匀絮状　　形成菌膜　　形成沉淀

图4－5　液体培养特征举例

知识拓展

一、常见四大类微生物的菌落特征比较

菌落是由某一微生物的少数细胞或孢子在固体培养基表面繁殖后所形成的子细胞群体，因此，菌落形态在一定程度上是个体细胞形态和结构在宏观上的反映。由于每一大类微生物都有其独特的细胞形态，因而其菌落形态特征也各异。在四大类微生物的菌落中，细菌和酵母菌的形态较接近，放线菌和霉菌形态较相似（见表4－1）。

表4－1　　　　　　　　　常见四大菌菌落特征比较
（周德庆《微生物教程》）

菌落特征 / 微生物类别		单细胞微生物		菌丝状微生物	
		细菌	酵母菌	放线菌	霉菌
主要特征 / 细胞	形态特征	小而均匀、个别有芽孢	大而分化	细而均匀	粗而分化
	相互关系	单个分散或按一定方式排列	单个分散或假丝状	丝状交织	丝状交织
主要特征 / 菌落	含水情况	很湿或较湿	较湿	干燥或较干燥	干燥
	外观特征	小而突起或大而平坦	大而突起	小而紧密	大而疏松或大而致密

续表

菌落特征	微生物类别	单细胞微生物		菌丝状微生物	
		细菌	酵母菌	放线菌	霉菌
参考特征	菌落透明度	透明或稍透明	稍透明	不透明	不透明
	菌落与培养基结合度	不结合	不结合	牢固结合	较牢固结合
	菌落的颜色	多样	单调	十分多样	十分多样
	菌落正反面颜色差别	相同	相同	一般不同	一般不同
	细胞生长速度	一般很快	较快	慢	一般较快
	气味	一般有臭味	多带酒香	常有泥腥味	霉味

细菌和多数酵母菌都是单细胞微生物。菌落中各细胞间都充满毛细管水、养料和某些代谢产物，因此，细菌和酵母菌的菌落形态具有相似的特征，如湿润、较光滑、较透明、易挑起、菌落正反面及边缘、中央部位的颜色一致，且菌落质地较均匀等。它们之间的区别在于：由于细菌细胞小，所以形成的菌落也较小、较薄、较透明且有细腻感。不同的细菌会产生不同的色素，因此常会出现五颜六色的菌落。此外，有些细菌具有特殊的细胞结构，因此，在菌落形态上也有所反映，如无鞭毛不能运动的细菌其菌落外形较圆而凸起；有鞭毛能运动的细菌其菌落往往大而扁平，边缘不整齐，而运动能力特强的细菌则出现更大、更扁平的菌落，具有荚膜的细菌其菌落更黏稠、光滑、透明。荚膜较厚的细菌其菌落甚至呈透明的水珠状。有芽孢的细菌常因其折射率和其他原因而使菌落呈粗糙、不透明、多皱褶等特征。细菌还常因分解含氮有机物而产生臭味，这也有助于菌落的识别。而酵母菌由于细胞较大（直径约比细菌大 10 倍）且不能运动，故其菌落也一般比细菌大、厚而且透明度较差。酵母菌产生色素较为单一，通常呈乳脂色，少数为橙红色，个别是黑色。但也有例外，如假丝酵母因形成藕节状的假菌丝，故细胞易向外圈蔓延，造成菌落大而扁平和边缘不整齐等特有形态。酵母菌因普遍能发酵含碳有机物而产生醇类，故其菌落常伴有酒香味。

放线菌和霉菌的细胞都是丝状的，当生长于固体培养基上时有营养菌丝（或基内菌丝）和气生菌丝的分化。气生菌丝向空间生长，菌丝之间无毛细管水，因此菌落外观呈干燥、不透明的丝状、绒毛状或皮革状等特征。由于营养菌丝伸入培养基中使菌落和培养基连接紧密，故菌丝不易被挑起。由于气生菌丝、孢子和营养菌丝颜色不同，常使菌落正反面呈不同颜色。丝状菌是以菌丝顶端延长的方式进行生长的，越近菌落中心的气生菌丝其生理年龄越大，也越早分化出子实器官或分生孢子，从而反映在菌落颜色上的变化，一般情况下，菌落中心的颜色常比边缘深。有些菌的气生菌丝还会分泌出水溶性色素并扩散到培养基中而使培养基变色。所不同的是：放线菌属原核生物，其菌丝纤细，生长较慢，气生菌丝生长后期逐渐分化出孢子丝，形成大量的孢子，因此菌落较小，表面呈紧密的绒状或粉状等特征。由于菌丝伸入培养基中常使菌落边缘的培养基呈凹状。不少放线菌还产生特殊的泥腥味。而霉菌属真核生物，它们的菌丝一般较放线菌粗（几倍）且长（几倍至几十倍），其生长速度比放线菌快，故菌落大而疏松或大而紧密。由于气生菌丝会形成一定形状、构造和色泽的子实器官，所以菌落表面往往有肉眼可见的构造和颜色。

二、常见四大类微生物的繁殖方式

微生物细胞吸收营养物质，进行新陈代谢，当同化作用大于异化作用时，生命个体的质量和体积不断增大。生命个体生长到一定阶段，通过特定方式产生新的生命个体，即引起生命个体数量增加，这一过程就是繁殖。

细菌的主要繁殖方式为无性繁殖，为二分裂法。分裂过程首先从 DNA 的复制开始菌体伸长，形成两个核区，在两个核区之间，产生双层细胞膜，在两层膜之间产生细胞壁，母体便分裂为两个子细胞。除无性繁殖外，经电子显微镜观察及遗传学研究证明，细菌也存在有性结合，但其有性结合频率极低，少数有性菌毛的细菌可进行有性繁殖。

酵母菌属真核生物，具有有性繁殖和无性繁殖两种形式，但大多数酵母菌以无性繁殖为主。酵母菌的无性繁殖又以出芽繁殖为主。酵母菌有性繁殖方式是产生子囊孢子。

霉菌具有很强的繁殖能力，繁殖方式多种多样，除以一段菌丝可不断伸长分枝形成菌丝体外，主要是通过产生各种孢子繁殖。孢子大小、形状、颜色和形成方式也是霉菌鉴别的重要依据之一。可以以产生无性孢子的方式繁殖，包括节孢子、厚垣孢子、孢子囊孢子和分生孢子；也可以产生有性孢子的方式，包括卵孢子、接合孢子、担孢子、子囊孢子等。

放线菌主要是通过产生无性孢子的方式进行繁殖，但也能以菌丝断裂的片段进行。放线菌产生的无性孢子主要有分生孢子、节孢子和孢子囊孢子。分生孢子的形成方式主要为横隔式分裂。

> ▶ **课后思考**
>
> 1. 何谓菌落？在微生物鉴定中有何意义？
> 2. 常见四大微生物菌落特征有何异同点？
> 3. 霉菌的无性繁殖和有性繁殖都有哪些形式？
> 4. 细菌与酵母菌的菌落特征有何区别？
> 5. 如何区分霉菌与放线菌的菌落？
> 6. 酵母菌在液体培养基中培养会有哪些特征？
> 7. 为什么菌落特征可以作为微生物分类鉴定的依据？

常见微生物生理生化鉴定

项目导入

生理生化鉴定技术主要是根据不同种属的微生物其酶系统、代谢途径和代谢产物的差异较大，并且这些代谢产物又有不同的生化特征，从而利用生物化学的方法测定这些代谢产物以鉴定微生物的种类。

在微生物鉴定中，一般先根据几项简单的性质，如微生物要求的培养条件、要求的培养基、是否产生色素等，来判断所鉴定的微生物属于哪一大类，然后全面考察这一大群内各属间的异同，选择合适的鉴别特征，制定出鉴定方案。鉴别到属后，再依据各种间的异同，进一步鉴定到种。

总的来讲，微生物的理化鉴定技术包括生长环境特性试验（生长温度测定、生长 pH 测定等），营养物质利用能力试验（碳源的利用试验、氮源的利用试验等），代谢产物试验（乙酰甲基甲醇试验、硫化氢的生成试验、吲哚试验、甲基红试验、淀粉水解试验、明胶液化试验等）。

在本项目中我们以糖发酵的鉴定试验和淀粉的水解试验为例，旨在了解不同细菌其生化功能的多样性以及理解生理生化反应对于微生物分类鉴定的意义。

材料与仪器

1. 菌种

大肠杆菌、普通变形杆菌、枯草芽孢杆菌试管斜面。

2. 培养基

葡萄糖发酵培养基试管和乳糖发酵培养基试管（内装有倒置的德汉氏小管）、固体淀粉培养基。

3. 试剂

卢戈氏碘液、溴钾酚紫指示剂。

4. 仪器与用具

无菌平板、无菌试管、接种环、接种针、试管架等。

实践操作

一、糖发酵试验

在发酵培养基中装有指示剂（溴钾酚紫）来判断微生物是否产酸，倒置的德汉氏小管中有无气泡判断是否有气体生成。

1. 步骤

（1）编号：用记号笔在各试管上分别标明发酵培养基名称和所接种的菌名。

（2）接种：取盛有葡萄糖发酵培养基的试管 3 支，按编号 1 支接种大肠杆菌，另 1 支接种普通变形杆菌，第 3 支不接种，作为对照。另取乳糖发酵培养基试管 3 支，同样 1 支接种大肠杆菌，1 支接种普通变形杆菌，第 3 支不接种，作为对照。

（3）将上述已接种的葡萄糖和乳糖发酵试管和对照管置 37℃ 温室中培养 24h。

（4）观察结果。

2. 注意事项

在放置德汉氏小管时注意不能有气泡，防止影响后面观察。

二、淀粉水解试验

（1）将淀粉培养基溶化后，冷至 45℃ 左右，以无菌操作制成平板。

（2）用记号笔将平板划成两半，一半接种大肠杆菌作为试验菌，另一半接种枯草芽孢杆菌作为对照菌，均用无菌操作划线接种。

（3）将上述已接种的平板倒置，于 37℃ 温室中培养 24h。

（4）将已培养 24h 的平皿取出，打开皿盖，滴加少量卢戈氏碘液于平板上，轻轻旋转平皿，使碘液均匀铺满整个平板。如菌苔周围出现无色透明圈，说明淀粉已被水解。透明圈的大小说明该菌水解淀粉能力的强弱。

问题探究

一、糖发酵鉴定试验原理

糖发酵试验是最常用的生化反应，在肠道细菌的鉴定上尤为重要。绝大多数细菌都能利用糖类作为碳源和能源，但是它们在分解糖的能力上有很大的差异，有些细菌能分解某种糖并产酸（如乳酸、醋酸、丙酸等）和产气（如氢、甲烷、二氧化碳等）；有些细菌只产酸不产气。例如大肠杆菌能分解乳糖和葡萄糖产酸并产气；伤寒杆菌能分解葡萄糖产酸不产气，不能分解乳糖；普通变形杆菌分解葡萄糖产酸产气，不能分解乳糖。

二、大分子物质水解试验原理

微生物对大分子的淀粉、蛋白质和脂肪不能直接利用，必须靠产生的胞外酶，如淀粉酶、蛋白酶和脂肪酶将大分子物质分解。胞外酶能分泌扩散到细胞外，将物质分解成小单位如糖、氨基酸、甘油与脂肪酸。这些小单位的物质能被细菌吸收和利用。水解过程可通过底物的变化来证明，如细菌水解淀粉的区域，用碘测定不再产生蓝色；水解明胶可观察到明胶被液化；脂肪水解后产生脂肪酸改变培养基的 pH，其中的中性红指示剂使培养基从淡红色变为深红色。

知识拓展

一、微生物的分类依据

目前微生物的数量超过 10 万种，而且数目还在不断增加，我们要认识、研究或控制有害微生物，必须对它们进行分类。常规分类鉴定一般只根据其表型特征的相似程度分群归类，这种分类重在应用，不涉及生物进化或反映生物亲缘关系；但随着分子生物学的发展，我们不仅根据表型特征，而且从分子水平上，通过研究和比较微生物的基因型特征来探讨生物的进化、系统发育和进行分类鉴定。

1. 形态特征

形态特征包括细胞的形状、大小、排列，革兰氏染色反应，有无鞭毛，鞭毛着生的位置和数目；有无芽孢，芽孢的部位和形状；有无荚膜等。在放线菌和真菌分类中，繁殖器官的形状、构造、孢子的数目、形状、大小、颜色及表面特征等，都是重要的分类依据。

2. 培养特性

微生物在培养基上的生长特性也是分类的重要依据。例如，观察在固体培养基上菌落的形状、大小、颜色、光泽、黏稠度、透明度、质地、移动性、气味及有无水溶性色素等。在半固体培养基上观察穿刺培养后的生长及运动情况。在液体培养基中，观察液体是否浑浊、表面有无菌膜、管底有无沉淀、管中有无气泡、培养液有无颜色变化等。

3. 生理生化特性

（1）营养要求　在微生物分类中，常根据微生物对营养物质的不同利用能力以及对氧气的需要程度来区别微生物。如观察微生物对各种糖的分解利用能力，观察其是利用有机氮、无机氮、还是大气中游离氮作为氮源等。

（2）代谢产物　不同的微生物，因其生理特性的不同而产生不同的代谢产物。如检查微生物在培养基中是否形成有机酸、酒精、碳氢化合物、气体等。能否分解色氨酸产生吲哚、分解糖产生乙酰甲基甲醇，能否产生色素、抗生素等。检查微生物的代谢产物，可以用来鉴别不同的微生物。

4. 生态特性

微生物在自然界中的生态分布，也可作为分类的参考依据。例如是否耐高渗、耐高温，是否有嗜盐性等。此外，微生物与其他生物的寄生或共生关系等，常常也作为分类的依据之一。

5. 化学组成

不同微生物在其化学组成或化学结构上，具有许多明显的特殊性。例如，霉菌的细胞壁主要含有几丁质，而细菌细胞主要是肽聚糖等。其中革兰氏阳性细菌细胞壁的肽聚糖所占比例很大，革兰氏阴性菌的肽聚糖则含量较少。近年来，随着分子生物学的发展和先进技术的应用，微生物的脂肪酸组成、磷脂质组成、细胞色素、酶和蛋白质的电泳图谱、DNA 的碱基组成、5S 核糖体 RNA 序列等也都作为微生物的分类依据。

6. 血清学反应

在微生物分类鉴定中，根据血清学反应的基本原理，用已知菌种、菌型制成抗血清，然后根据它们与待鉴定微生物是否发生特异性的血清学反应，来确定未知菌种或菌型。

7. 遗传学特性

（1）DNA 中（G + C）% 含量　生物的遗传信息包含在 DNA 的碱基顺序中，DNA 中（G + C）% 含量不同的微生物，在遗传学上也是互不相同的。故可利用 DNA 中（G + C）% 含量，来鉴别各种微生物种属间的亲缘关系及其远近程度。

（2）DNA 的碱基顺序比较　DNA 碱基顺序最常用的方法是 DNA 杂合法，其基本原理是利用 DNA 解链的可逆性和碱基配对的专一性，将不同来源的 DNA 在体外加热解链，并在适宜条件下，使互补的碱基重新配对，结合成双链 DNA，然后根据能生成双链的情况，测定杂合百分数。如果两条单链 DNA 的碱基顺序完全相同，它们可生成完整的双链，即杂合率为 100%，如果两条单链 DNA 的碱基顺序只有部分相同，则只形成部分双链，杂合率小于 100%。DNA 杂合率越高，表示两个 DNA 之间碱基顺序的相似性越高，亲缘关系也就越近。

二、微生物的分类方法

1. 经典分类法

经典分类法是微生物的传统分类方法。主要根据微生物的形态特征、培养特性和生理生化特性进行分类，并在分类中将特征分为主次地位，一般将结构和形态特征作为初步分类的主要特征，然后采用双歧法进行整理得到分类结果，排列出一个个分类群。经典分类法是目前应用最广泛的分类方法。

2. 数值分类法

数值分类法是根据较多的特征进行分类，一般为 50 ~ 60 个特征以上，每个特征的地位不分主次，完全等同，通常以生理生化特性、生态特性等为依据，最后，将所测菌株两两比较，用电子计算机算出菌株间的总类似值，再结合主观上的判断（如类似程度大于 85% 者为同种，大于 65% 者为同属等），排列出一个个分类群。一般认为数值分类法具有较多优点，所得结果偏向少，提供的分类群较稳定。但也有认为数值分类法不突出主要矛盾，有人提出了加权因子的计算方法。

3. 化学分类法

近年来，随着气相色谱、高效液相色谱、质谱和核磁共振等新技术的应用，为微生物分类提供了新的方法。化学分类法主要是应用上述方法，测定和分析微生物细胞中的化学成分和结构，用计算机处理所测结果，并加以比较分析而进行分类。在最近出版的《伯杰氏细菌学分类手册》（Bergey's Manual of Systematic Bacteriology）中，已大量引用了化学分类的结果和资料。

4. 遗传分类法

遗传分类法主要是从遗传学角度评估微生物间的亲缘关系。以（G＋C)％和不同来源 DNA 之间碱基顺序的类似程度及同源性为依据，排列出一个个分类群。遗传分类法可能是最根本的分类方法，但在分法和技术以及发现规律性方面，仍有待进一步研究。

三、微生物的分类系统

1. 细菌的分类系统

目前有 3 个比较全面的细菌分类系统。第一个是前苏联克拉西里尼科夫著的《细菌和放线菌的鉴定》，第二个是法国普雷沃著的《细菌分类学》，第三个是由美国细菌学家协会所属伯杰氏细菌鉴定手册委员会主编的《伯杰氏鉴定细菌学手册》。其中应用较广泛的是《伯杰氏鉴定细菌学手册》的分类系统。该手册自 1923 年第 1 版问世以后，到 1974 年已出版到第 8 版。1984 年该手册又进行了全面修订，并将手册改名为《伯杰氏细菌学分类手册》（Bergey's Manual of Systematic Bacteriology）。新手册共分 4 卷 33 章，先后于 1984、1986 和 1989 年出版完成。第 1 卷（1984 年出版）主要是革兰氏阴性细菌、立克次氏体、衣原体、支原体和螺旋体的分类，第 2 卷（1986 年出版）主要为革兰氏阳性细菌的分类，第 3 卷（1989 年出版）主要为原始细菌、蓝藻等的分类，第 4 卷（1989 年出版）主要是放线菌、链霉菌等的分类。

2. 真菌的分类系统

真菌的分类是以真菌的形态学、细胞学、生理学和生态学等特征为依据，尤其是以有性繁殖阶段的形态特征为主要根据进行分类。近年来，各国的真菌学者，将已有的 Ainsworth、Bessy、Alexopoulos、Kreisel、Smith 等人所建立的分类系统进行了比较，多数人认为 Ainsworth 的分类系统较为全面系统。

实训项目拓展

一、细菌鉴定中常用生化试验

各种细菌所具有的酶系统不尽相同，对营养基质的分解能力也不一样，因而代谢产物或多或少的各有区别,可供鉴别细菌之用。用生化试验的方法检测细菌对各种基质的代谢及其代谢产物,从而鉴别细菌的种属,称之为细菌的生化反应。

二、乙酰甲基甲醇试验（Voges – Prokauer）

1. 原理

某些细菌在葡萄糖蛋白胨水培养基中能分解葡萄糖产生丙酮酸,丙酮酸缩合,脱羧成乙酰甲基甲醇,后者在强碱环境下,被空气中的氧氧化为二乙酰,二乙酰与蛋白胨中的胍基生成红色化合物,称 V – P（ + ）反应。

2. 试验方法

（1）O'Meara 氏法　将试验菌接种于通用培养基,于（36 ± 1）℃ 培养 48h,培养液 1mL 加 O'Meara 试剂 [加有 0.3% 肌酸（Creatine） 或肌酸酐（Creatinine） 的 40% 氢氧化钠水溶液] 1mL,摇动试管 1~2min,静置于室温或（36 ± 1）℃恒温箱,若 4h 内不呈现红色,即判定为阴性。亦有主张在 48~50℃ 水浴放置 2h 后判定结果者。

（2）Barritt 氏法　将试验菌接种于通用培养基,于（36 ± 1）℃ 培养 4d,培养液 2.5mL 先加入 α – 萘酚（α – naphthol） 纯酒精溶液 0.6mL,再加 40% 氢氧化钾水溶液 0.2mL,摇动 2~5min,阳性菌常立即呈现红色,若无红色出现,静置于室温或（36 ± 1）℃恒温箱,如 2h 内仍不显现红色,可判定为阴性。

（3）快速法　将 0.5% 肌酸溶液 2 滴放于小试管中,挑取产酸反应的三糖铁琼脂斜面培养物一接种环,乳化接种于其中,加入 5% α – 萘酚 3 滴,40% 氢氧化钠水溶液 2 滴,振动后放置 5min,判定结果。不产酸的培养物不能使用。

3. 应用

本试验一般用于肠杆菌科各菌属的鉴别。在用于芽孢杆菌和葡萄球菌等其他细菌时,通用培养基中的磷酸盐可阻碍乙酰甲基醇的产生,故应省去或以氯化钠代替。

三、甲基红（MethylRed）试验

1. 原理

肠杆菌科各菌属都能发酵葡萄糖,在分解葡萄糖过程中产生丙酮酸,进一步分解中,由于糖代谢的途径不同,可产生乳酸、琥珀酸、醋酸和甲酸等大量酸性产物,可使培养基 pH 下降至 4.5 以下,使甲基红指示剂变红。

2. 试验方法

挑取新的待试纯培养物少许,接种于通用培养基,于（36 ± 1）℃ 或 30℃（以 30℃ 较好）培养 3~5d,从第二天起,每日取培养液 1mL,加甲基红指示剂 1~2 滴,阳性呈鲜红色,弱阳性呈淡红色,阴性为黄色。迄至发现阳性或至第 5d 仍为阴性,即可判定结果。

甲基红为酸性指示剂，pH 范围为 4.4~6.0，其 pH 为 5.0。故在 pH5.0 以下，随酸度而增强黄色；在 pH5.0 以上，则随碱度而增强黄色，在 pH5.0 或上下接近时，可能变色不够明显，此时应延长培养时间，重复试验。

3. 应用

甲基红试验主要应用于鉴别大肠杆菌与产气肠杆菌，前者阳性，后者阴性。

四、靛基质（Imdole）试验

1. 原理

某些细菌能分解蛋白胨中的色氨酸，生成吲哚。吲哚的存在可用显色反应表现出来。吲哚与对二甲基氨基苯醛结合，形成玫瑰吲哚，为红色化合物。

2. 试验方法

将待试纯培养物小量接种于试验培养基管，于（36±1）℃培养 24h 后，取约 2mL 培养液，加入 Kovacs 氏试剂 2~3 滴，轻摇试管，呈红色为阳性，或先加少量乙醚或二甲苯，摇动试管以提取和浓缩靛基质，待其浮于培养液表面后，再沿试管壁徐缓加入 Kovacs 氏试剂数滴，在接触面呈红色，即为阳性。

实验证明靛基质试剂可与 17 种不同的靛基质化合物作用而产生阳性反应，若先用二甲苯或乙醚等进行提取，再加试剂，则只有靛基质或 5－甲基靛基质在溶剂中呈现红色，因而结果更为可靠。

3. 应用

靛基质试验主要用于肠杆菌科的鉴定。

五、硝酸盐（Nitrate）还原试验

1. 原理

有些细菌具有还原硝酸盐的能力，可将硝酸盐还原为亚硝酸盐、氨或氮气等。亚硝酸盐的存在可用硝酸试剂检验。

2. 试验方法

临试验前将试剂 A（磺胺酸冰醋酸溶液）和 B（α－萘胺乙醇溶液）试液各 0.2mL 等量混合，取混合试剂约 0.1mL 加于液体培养物或琼脂斜面培养物表面，立即或于 10min 内呈现红色即为试验阳性，若无红色出现则为阴性。

用 α－萘胺进行试验时，阳性红色消退很快，故加入后应立即判定结果。进行试验时必须有未接种的培养基管作为阴性对照。α－萘胺具有致癌性，故使用时应加以注意。

3. 应用

肠杆菌科细菌都能还原硝酸盐为亚硝酸盐，铜绿假单胞菌、嗜麦芽窄单胞菌科产生氮气。

六、明胶（Gelatin）液化试验

1. 原理

有些细菌具有明胶酶（亦称类蛋白水解酶），能将明胶先水解为多肽，又进一步水解为氨基酸，使明胶失去凝胶性质而液化。

2. 试验方法

挑取 18~24h 待试菌培养物，以较大量穿刺接种于明胶高层约 2/3 深度或点种于平板培养基。于 20~22℃培养 7~14d。明胶高层亦可培养于（36±1）℃。每天观察结果，若因培养温度高而使明胶本身液化时应不加摇动，静置冰箱中待其凝固后，再观察其是否被细菌液化，如确被液化，即为试验阳性。平板试验结果的观察为在培养基平板点种的菌落上滴加试剂，若为阳性，10~20min 后，菌落周围应出现清晰带环，否则为阴性。

3. 应用

明胶液化试验用于肠杆菌科细菌的鉴别，如沙雷菌、变形杆菌等可液化明胶。

七、尿素酶（Urease）试验

1. 原理

有些细菌能产生尿素酶，将尿素分解，产生 2 个分子的氨，使培养基变为碱性，酚红呈粉红色。尿素酶不是诱导酶，因为不论底物尿素是否存在，细菌均能合成此酶。其活性最适 pH 为 7.0。

2. 试验方法

挑取 18~24h 待试菌培养物大量接种于液体培养基管中，摇匀，于（36±1）℃培养 10、60 和 120min，分别观察结果。或涂布并穿刺接种于琼脂斜面，不要到达底部，留底部作变色对照。培养 2.4 和 24h 分别观察结果，如阴性应继续培养至 4d，做最终判定，变为粉红色为阳性。

3. 应用

尿素酶试验主要检测幽门螺杆菌。

八、氧化酶（Oxidase）试验

1. 原理

氧化酶亦即细胞色素氧化酶，为细胞色素呼吸酶系统的终末呼吸酶。氧化酶先使细胞色素 c 氧化，然后此氧化型细胞色素 c 再使对苯二胺氧化，产生颜色反应。

2. 试验方法

在琼脂斜面培养物上或血琼脂平板菌落上滴加试剂 1~2 滴，阳性者 Kovacs

氏试剂呈粉红色至深紫色，Ewing 氏改进试剂呈蓝色。阴性者无颜色改变。应在数分钟内判定试验结果。

3. 应用

氧化酶试验用于肠杆菌科细菌与假单胞菌的鉴别，前者为阴性。

九、硫化氢（H_2S）试验

1. 原理

有些细菌可分解培养基中含硫氨基酸或含硫化合物，而产生硫化氢气体，硫化氢遇铅盐或低铁盐可生成黑色沉淀物。

2. 试验方法

在含有硫代硫酸钠等指示剂的培养基中，沿管壁穿刺接种，于（36 ±1）℃培养 24 ~ 28h，培养基呈黑色为阳性，阴性应继续培养至 6d。也可用醋酸铅纸条法：将待试菌接种于一般营养肉汤，再将醋酸铅纸条悬挂于培养基上空，以不会被溅湿为适度；用管塞压住置（36 ±1）℃培养 1 ~ 6d。纸条变黑为阳性。

3. 应用

硫化氢试验用于肠杆菌科中属及种的鉴定，如沙门氏菌、变形杆菌多为阳性。

十、三糖铁（TSI）琼脂试验

1. 试验方法

以接种针挑取待试菌可疑菌落或纯培养物，穿刺接种并涂布于斜面，置（36 ±1）℃培养 18 ~ 24h，观察结果。

本试验可同时观察乳糖和蔗糖发酵产酸或产酸产气（变黄），产生硫化氢（变黑）。葡萄糖被分解产酸可使斜面先变黄，但因量少，生成的少量酸因接触空气而氧化，加之细菌利用培养基中含氮物质生成碱性产物，故使斜面后来又变红，底部由于是在厌氧状态下，酸类不被氧化，所以仍保持黄色。

2. 应用

三糖铁琼脂试验用于鉴定革兰氏阴性菌发酵蔗糖、乳糖、葡萄糖及产生 H_2S 的生化反应。

▶ **课后思考**

1. 怎样解释淀粉酶是胞外酶而非胞内酶？
2. 不利用碘液，怎样证明淀粉水解的存在？
3. 在吲哚试验和硫化氢试验中细菌各分解何种氨基酸？
4. 说明硝酸盐还原试验对细菌的生理意义？

第二课堂活动设计

现分离到一株肠道细菌，试利用细菌生理生化反应设计一试验方案对其鉴别。

知识归纳整理

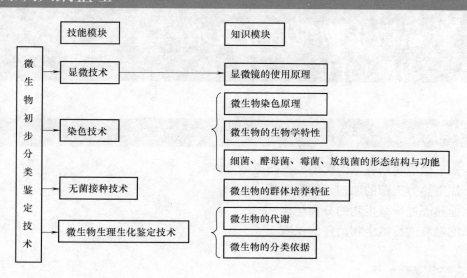

模块二
食品微生物纯培养技术
[学习型工作任务]

教学目标

- 知道微生物培养基的类型、配制原则及方法。
- 知道热力灭菌的原理及操作要领。
- 能熟练进行微生物的分离纯化。
- 能熟练进行微生物菌种的保藏。

项目6

培养基配制技术

项目导入

微生物虽然个体微小，结构简单，但它们与高等生物一样也具有生命力，也具有生长、繁殖、遗传、变异、新陈代谢等基本生物学特性。微生物为了生存，必须从环境中吸收其生命活动所必需的能量和物质，以满足其生长和繁殖需要，这一过程称之为营养或营养作用。营养为一切生命活动提供了必需的物质基础，它是一切生命活动的起点。有了营养，才可以进一步进行代谢、生长和繁殖。

当然，在自然界中各种微生物混杂地生活在一起，从外界吸收养分，然而作为微生物研究，我们往往需要在人工条件下培养微生物，研究其特性。这就需要我们人工创造能提供微生物生长或产物积累的基质，而这人工配制的营养基质就是培养基。

现在实验室中常见的有固体培养基、液体培养基和半固体培养基等。那么这些培养基具有哪些营养成分，为何呈现不同的形式？我们将以培养细菌的基础培养基——牛肉膏蛋白胨固体培养基为例，学习基本的培养基配制技术。

材料与仪器

1. 药品

牛肉膏、蛋白胨、琼脂、NaCl、0.1mol/L NaOH、0.1mol/L HCl。

2. 仪器及其他

试管、移液管、三角瓶、烧杯、500mL量筒、小锅（搪瓷锅或不锈钢锅）、培养皿、棉花、线绳、纱布、pH试纸、防水纸、废报纸、玻璃棒、玻璃珠、天平或台秤、玻璃漏斗、分装器（附漏斗架、橡皮管、放水夹、玻璃管）、角勺、电炉、高压蒸汽灭菌锅。

实践操作

培养基是人工配制的适合于微生物生长繁殖和积累代谢产物的营养基质。一般都含有水分、碳源、氮源、能源、无机盐和生长因子等，并且不同微生物对pH要求不一样。所以培养基要含有微生物生长繁殖所需的各种营养和条件。对于固体培养基，一般加入琼脂作为凝固剂。实验室中培养细菌最常用的是牛肉膏蛋白胨固体培养基，其成分包括：牛肉膏3.0g，蛋白胨10.0g，NaCl 5.0g，琼脂20.0g，蒸馏水1000mL，pH7.6。

一、步骤

称量→溶解→定容→调节pH→过滤→分装及包扎→灭菌

（1）称量　按照培养基配方，准确称取各种原料放于搪瓷缸或烧杯中，加入所需水量。

培养基的各种成分必须准确称取并注意防止错乱，最好一次完成，不要中断。

对于固体颗粒状药品（如蛋白胨，NaCl等），直接在称量纸上称量后转移至搪瓷缸内。而非粉末状药品（如牛肉膏），常用玻璃棒挑取，放在小烧杯或表面皿中称量，用热水溶化后倒入搪瓷缸；也可放在称量纸上，称量后直接放入水中，稍加热，牛肉膏与称量纸分离，然后立即取出纸片。

（2）溶解　加热并不断搅拌直至药品溶解，再加入琼脂至完全熔化，补足损失水分。

培养基所用的化学药品应是化学纯，溶解容器应为搪瓷缸或烧杯，不应是铜锅或铁锅，以防止微量铜铁离子混入培养基中，影响微生物生长。加热溶解时，应将药品全部溶解后再加入琼脂，继续加热至琼脂完全熔化，熔化过程中应不断搅拌，以防焦化、溢出，造成营养成分变化。若发现有焦化现象，该培养基即不能使用，应重新配制。在加热熔化过程中，因蒸发而丢失的水分，最后应补足。

（3）调整 pH 取适当范围的精密 pH 试纸根据测定的 pH 和配方要求 pH 的差异情况，用 0.1mol/L NaOH 或 0.1mol/L HCl 进行调制。牛肉膏蛋白胨固体培养基要求 pH 为 7.6。

（4）过滤分装 在漏斗中放一滤纸过滤液体培养基，若为固体或半固体的培养基可用多层纱布进行过滤，也可用两层纱布间夹一薄层棉花过滤。一般对培养基没有特殊要求，这一步可以省略。

（5）过滤后趁热分装 分装时不要使培养基沾在管口或瓶口上，以免侵染棉塞，造成污染，如有沾污要用纸擦干净。

（6）包扎 分装完毕后，塞好棉塞或试管帽，试管用棉绳扎成捆，包防潮纸，最后在包装纸上标明培养基的名称、制备日期和姓名等。

（7）灭菌 将上述包好的培养基，放入高压蒸汽灭菌锅内，按培养基中所规定的条件消毒和灭菌。

二、注意事项

（1）每称一药品换一药匙，严防药品混杂。

（2）药品溶解时，先溶易溶药品，再溶难溶药品，琼脂最后加入。

（3）对于固体培养基，在加热过程中应注意琼脂熔化完全，并需不断搅拌防止琼脂粘在底部而被糊化。

（4）所有药品溶解后，补足加热过程中损失的水分。

（5）培养基分装时量要适当，如分装入三角瓶的量一般为体积的 1/3 ~ 1/2，如分装入试管的量为管长的 1/5 ~ 1/4。

（6）培养基配制完成后，要及时进行灭菌。

问题探究

一、固体培养基的配制

按微生物的主要类群来说，有细菌、放线菌、酵母菌和霉菌之分，它们所需要的培养基成分也不同，牛肉膏蛋白胨培养基是培养细菌常用的基础培养基。

我们制备培养基也就是给微生物创造一个良好的生活环境。因此培养基除必须含有水分、碳水化合物、含氮化合物和无机盐类外，还需要各种必需的维生素。此外培养基还应具有适宜的 pH、一定的缓冲能力以及一定的氧化还原电位和合适的渗透压。

在一般情况下，培养基含有微生物生长所需的各种营养要素，且配比恰当才能满足微生物的生长。牛肉膏、蛋白胨为细菌生长提供了氮源，同时又作为能量和碳源的来源，NaCl 提供了无机盐，这些成分溶解在水中作为细菌生长必需的营养成分。琼脂作为凝固剂使用，不是营养物质，它是从石花菜等海藻中提取的胶体物质，其主要成分为复杂的多糖硫酸酯，自然界中大多数微生物不能分解利用它。而且琼脂在96℃以上开始熔化，于45℃以下凝固，因此是使用最广泛的凝固剂。固体培养基中琼脂的加入量一般为1.5%~2%。

二、培养基 pH 的调整

任何培养基的 pH 必须控制在一定的范围内，以满足不同类型微生物的生长繁殖或产生代谢产物。通常培养条件：细菌 pH 7~8，放线菌 pH 7.5~8.5，酵母菌 pH 3.8~6.0，霉菌 pH 4.0~5.8。所以在配制培养基定容后用低浓度的盐酸和氢氧化钠调整，牛肉膏蛋白胨培养基 pH 维持在 7.6~7.8，一般用精密 pH 试纸调整，少量滴加酸碱调整防止调过头，过多滴加酸碱影响无机离子浓度。

在加热和灭菌的过程中，因为成分的溶解，pH 会有所变化，甚至在微生物的生长繁殖过程中会产生引起培养基 pH 改变的代谢产物，尤其是不少的微生物有很强的产酸能力，如不适当地加以调节，就会抑制甚至杀死自身，所以为获稳定 pH 可用磷酸缓冲液进行调整。

三、培养基的过滤澄清

配制的液体培养基必须澄清无杂质，固体培养基也应透明无显著的沉淀，因此一般采用过滤的方法达到要求。液体培养基一般用滤纸过滤；固体培养基可用多层纱布过滤，或可用两层纱布间夹一薄层棉花过滤。对于新制的肉、肝、血和马铃薯等浸出液，先用绒布将碎渣滤去，再用滤纸进行过滤。

四、培养基分装、包扎与灭菌

一般根据培养基的使用目的和要求，分装在三角瓶或试管中。装入的量为三角瓶体积的1/3~1/2，分装琼脂斜面培养基时，装入试管的量为管长的1/5~1/4，使其摆放斜面时不能超过管长的1/2，以免接种后易受空气中杂菌污染。

分装完毕后试管口和三角瓶口须塞上棉塞，并用牛皮纸对瓶口、试管口进行包扎，防止灭菌时水分渗透棉塞进入培养基内而影响营养基质浓度。

任何培养基一旦配成，须立即进行灭菌处理，防止原料中和容器内的微生物生长破坏培养基的成分，若暂时灭不了菌只能做低温短时间保留。一般培养基采用121℃高压蒸汽灭菌15min，对于某些惧热成分，如糖类，可采用115℃进行灭菌，或者过滤除菌等其他灭菌方式。琼脂斜面培养基应在灭菌后立即取出，摆置成适当斜面，让其自然冷却凝固。

试管培养基的分装、包扎和摆斜面见图6-1。

每批培养基制备好以后，应仔细检查是否有破裂、水分浸入、色泽异常、棉塞被培养基沾污等情况，如有则应挑出弃去。从培养基中随机抽取适量放入

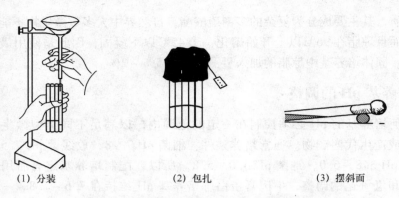

| (1) 分装 | (2) 包扎 | (3) 摆斜面 |

图 6 – 1 试管培养基的分装、包扎和摆斜面

(36 ± 1)℃ 的恒温培养箱中培养 24 ~ 48h，如发现有菌生长，则这批培养基应弃去。

知识拓展

一、微生物的营养需求和培养基的成分

我们制备培养基也就是提供微生物生长所需的营养要素，满足微生物的营养需要，给微生物创造一个良好的生活环境，利用微生物良好的生长来满足我们实验和生产的需要。

微生物和其他生物一样，在生活过程中，不断地从外界吸收营养物质，合成细胞成分和提供代谢所需能量。微生物吸收何种营养物质其实与其化学组成有密切联系。分析微生物细胞的化学组成，可以作为确定微生物营养需要的重要依据。从元素水平上讲，微生物细胞都含有碳、氢、氧、氮和各种矿物质元素，由这些元素组成细胞的有机和无机成分。从化合物水平上讲，主要是水分、蛋白质、碳水化合物、脂肪、核酸和无机盐等。微生物必须吸收充足水分；需要碳源构成细胞有机物碳架，并提供能量；需要氮源合成蛋白质、氨基酸；同时还需要多种矿物质元素和一些生长因子才能进行正常生长发育。

1. 碳源

凡可构成微生物细胞和代谢产物中碳素来源的物质称为碳源。

微生物可以利用的碳源的种类很多，从简单的无机碳化物（如 CO_2），到复杂的天然有机碳化物（如糖类、纤维素、淀粉、醇类、有机酸、蛋白质、脂肪、烃类等）都可被不同种类的微生物所利用（见表 6 – 1）。大多数微生物是以有机碳化物作为碳源，特别是糖类中的葡萄糖。在发酵工业中，为适应大规模生产的需求，提供给微生物生长碳源的主要是玉米粉、山芋粉、麸皮、废糖蜜、野生植物淀粉等价格低廉、来源广泛的植物原料或工业上生产的废料。

表 6 - 1 微生物的碳源谱

（周德庆《微生物学教程》）

类型	元素水平	化合物水平	培养基原料水平
有机碳	C·H·O·N·X	复杂蛋白质、核酸等	玉米粉、马铃薯、麦麸、米糠等
	C·H·O·N	多数氨基酸、简单蛋白质等	一般氨基酸、明胶等
	C·H·O	糖、有机酸、醇、脂类等	葡萄糖、蔗糖、各种淀粉、糖蜜等
	C·H	烃类	天然气、石油及其不同馏分、石蜡油等
无机碳	C·O	CO_2	CO_2
	C·O·X	$NaHCO_3$	$NaHCO_3$、$CaCO_3$ 等

2. 氮源

凡是构成微生物细胞或代谢产物中氮素来源的物质称为氮源。

氮源是提供合成细胞含氮化合物（蛋白质、核酸）的主要原料。从分子态氮到结构复杂的含氮有机化合物，包括铵盐、硝酸盐、尿素、胺类、氨基酸、蛋白胨、蛋白质等都可被不同种微生物所利用。氮源一般不提供能量，只有少数细菌如硝化细菌可以利用铵盐、硝酸盐作为氮源和能源。在实验室和发酵工业中，常以牛肉膏、蛋白胨、酵母膏、鱼粉、血粉、蚕蛹粉、豆饼粉、花生饼粉或铵盐、硝酸盐等作为微生物的氮源（见表 6 - 2）。

表 6 - 2 微生物的氮源谱

类型	元素水平	化合物水平	培养基原料水平
有机氮	N·C·H·O·X	复杂蛋白质、核酸等	牛肉膏、酵母膏、饼粕粉、蚕蛹粉等
	N·C·H·O	尿素、一般氨基酸、简单蛋白质等	尿素、蛋白胨、明胶等
无机氮	N·H	NH_3、铵盐等	$(NH_4)_2SO_4$ 等
	N·O	硝酸盐等	KNO_3 等
	N	N_2	空气

3. 水

水是微生物生活所必需的物质。一是作为细胞物质的组成成分（结合水）；二是作为细胞中一切生物化学反应的介质和细胞内外物质的基本溶剂（游离水）。

4. 无机盐

无机盐是微生物代谢过程中不可缺少的营养物质，其主要作用是：构成细胞组成成分，如磷是核酸组成元素之一；作为酶的组成成分或酶的激活剂，如铁是过氧化氢酶的组成成分，钙是蛋白酶的激活剂等；调节微生物生长的物化条件，如调节细胞渗透压、氧化还原电位等。在微生物培养中，无机盐大多可以从有机物中获得，一般只需要加入一定量氯化钠和磷酸氢二钾，其他无机盐不再另行添加。过量无机盐反而会起抑制或毒害微生物的作用。

5. 生长因子

所谓生长因子是指微生物生命活动不可缺少的，本身又不能自行合成，必须从外界供给的微量有机物，包括维生素、氨基酸、嘌呤、嘧啶及其衍生物等。其功能是构成细胞成分，如嘌呤、嘧啶构成核酸；调节代谢，维持生命的正常活动，如许多维生素是各种酶的辅基。微生物种类很多，生活中所需要的生长因子各不相同，如乳酸杆菌需要吡哆酸、肠膜明串珠菌需要氨基酸。在科研和生产中，常应用酵母膏、玉米浆、麦芽汁或其他动植物组织浸出液等作为生长因子的来源。

在微生物的生命活动中，除了需要上述五种物质外，能源也是必不可少的，但一般不需要特殊提供。绝大多数微生物属异养微生物，对它们而言，碳源就是能源，只有少数能够利用氮源和光作为能源；而自养微生物可以利用日光或无机氧化物作为能量的来源。

二、培养基的种类

微生物培养基的种类很多（见表6-3），为适应各类微生物对营养物质的不同要求，人们设计了数以千计的培养基。据不完全统计，常用的在1700种以上，而且随着生物科学的发展，培养基的种类还将不断增加。

1. 按照培养基物理状态划分

（1）固体培养基　在实验室中固体培养基是在液体培养基中加入琼脂而制成。琼脂45℃固化，灭菌过程中不会被破坏，并且透明度好，能反复凝固和熔化，因此是使用最广泛的凝固剂。常将熔化的琼脂培养基装入试管、平皿制成斜面或平板，用来进行微生物的分离、鉴定、活菌计数和菌种保藏等。

表6-3　　　　　　　　　　　　　　　培养基的种类

分类依据	类型
成分来源	天然培养基、合成培养基、半合成培养基
培养基物理状态	液体培养基、固体培养基、半固体培养基
培养基的作用	基础培养基、选择培养基、增菌培养基、鉴定培养基
生产工艺的要求	孢子培养基、种子培养基、发酵培养基

一般培养基中加入1.5%~2%琼脂即成固体培养基。除了琼脂之外，也可以用明胶做凝固剂。它是由动物的皮、骨等熬制而成的，但含多种氨基酸，可被多种微生物作为氮源利用，由于明胶只能在20~25℃范围做凝固剂使用，适用面相对较窄，通常只能用于特殊检验。

（2）半固体培养基　在液体培养基中加入少量琼脂即制成半固体培养基，琼脂的添加量一般为0.2%~0.7%。常用于细菌的运动性观察、分类鉴定及噬菌体效价的测定。

（3）液体培养基　把各种营养物质溶于水中，混合制成水溶液，调节适当的 pH，成为液体状的培养基质。液体培养基培养微生物时，通过搅拌可以增加培养基的通气量，同时使营养物质分布均匀，有利于微生物的生长和积累代谢产物。常用于大规模工业化生产和实验室观察微生物生长特征及应用方面的研究，是现代微生物发酵培养基的主要类型。

2. 按照营养物质来源划分

（1）天然培养基　指利用动、植物或微生物体或其提取物等天然的有机物制成的培养基，如牛肉膏、麦芽汁、豆芽汁、麦曲汁、马铃薯、玉米粉、麸皮，花生饼粉等制成的培养基。该培养基的优点是取材方便、营养丰富、价格低廉、配制简便、微生物生长迅速、适合各种异养微生物的生长，缺点是成分不稳定，也不清楚，重复性较差，仅适于工业生产中制作种子和发酵培养基。

（2）合成培养基　又称组成培养基或综合培养基，是由化学成分完全了解的物质配制而成的培养基，也称化学限定培养基，如培养细菌用的葡萄糖铵盐培养基、培养放线菌的高氏 1 号培养基、培养霉菌用的察氏培养基。其优点是成分精确、重复性较强，一般用于微生物营养代谢、分类鉴定和菌种选育等工作。缺点是配制料复杂，微生物在此类培养基上生长缓慢，成本较高，不适宜用于大规模的生产。

（3）半合成培养基　是一种既含有天然成分又含有纯化学试剂的培养基。通常是在天然培养基基础上适当加入无机盐类，或在合成培养基基础上加入一定的天然有机物，因而更能有效地满足微生物的营养需求，用途广泛，大多数微生物都在此类培养基上生长良好。如实验室中培养真菌用的马铃薯蔗糖培养基属于半合成培养基。

3. 按照培养基的作用划分

（1）基础培养基　是含有一般微生物生长繁殖所需的基本营养物质的培养基。牛肉膏蛋白胨培养基是最常用的基础培养基。基础培养基也可以作为一些特殊培养基的基础成分，再根据某种微生物的特殊营养需求，在基础培养基中加入所需营养物质。

（2）增殖培养基（加富培养基）　根据某种微生物的生长要求，加入有利于这种微生物生长繁殖而不适合其他微生物生长的营养物质配制的培养基，称为增殖培养基或加富培养基。这种培养基常用于菌种分离筛选。

（3）选择培养基　是根据某种微生物的特殊营养要求或其对某化学、物理因素的抗性而设计的培养基，其功能是从混合菌样本中选取优势菌，从而提高该菌的筛选效率。

混合菌样中数量很少的某种微生物，如直接采用平板划线或稀释法进行分离，往往因为数量少而无法获得。选择性培养的方法主要有两种，一是利用待分离的微生物对某种营养物的特殊需求而设计的，如：以纤维素为唯一碳源的培养基可用于分离纤维素分解菌，用石蜡油来富集分解石油的微生物，用较浓的糖液来富集酵母菌等；二是利用待分离的微生物对某些物理和化学因素具有抗性而设计的，如分离放线菌时，在培养基中加入数滴 10% 的苯酚，可以抑制霉菌和细菌的生长；在分离酵母菌和霉菌的培养基中，添加青霉素、四环素和链霉素等抗生素可以抑制细菌和放线菌的生长；结晶紫可以抑制革兰氏阳性菌，培养基中加入结晶紫后，能选择性地培养 G⁻ 菌；7.5% NaCl 可以抑制大多数细菌，但不抑制葡萄球菌，从而选择培养葡萄球菌。

（4）鉴别培养基　是培养基中加有能与某一菌的无色代谢产物发生显色反应的指示剂，从而达到只须用肉眼辨别颜色就能方便地从近似菌落中找出目的菌菌落的培养基。

最常见的鉴别培养基是伊红美蓝乳糖培养基，即 EMB 培养基。它在饮用水、牛乳的细菌学检查和大肠杆菌的遗传学研究工作中有着重要的用途。

EMB 培养基中的伊红和美蓝两种苯胺染料可抑制 G⁺ 细菌和一些难培养的 G⁻ 细菌。肠道细菌会在 EMB 培养基平板上产生易于用肉眼识别的多种特征性菌落，尤其是大肠杆菌，因其能强烈分解乳糖而产生大量混合酸，菌体表面带 H^+，故可染上酸性染料伊红，又因伊红与美蓝结合，故使菌落染上深紫色，且从菌落表面的反射光中还可看到绿色金属闪光（见图 6-2），其他几种产酸力弱的肠道菌的菌落也有相应的棕色。

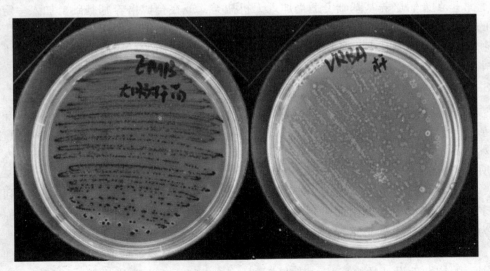

图 6-2　大肠杆菌在 EMB 和 VRBA 平板上的菌落特征

其他鉴别培养基如明胶培养基可用来检查微生物能否液化明胶；醋酸铅培养基可用来检查微生物能否产生 H_2S 气体等。

选择性培养基与鉴别培养基的功能往往结合在同一种培养基中。例如上述 EMB 培养基既有鉴别不同肠道菌的作用，又有抑制 G^+ 菌和选择性培养 G^- 菌的作用。

4. 按照生产工艺的要求划分

（1）孢子培养基　是供菌种繁殖孢子的一种常用固体培养基，其目的是使菌体迅速生长，并产生较多的优质孢子，不易引起菌种变异。该培养基要求营养不能太丰富，尤其是有机氮源，否则不易产生孢子。生产中常用的有麸皮培养基、小米培养基、玉米碎屑培养基等。

（2）种子培养基　是专门用于保证在生长中能获得优质孢子或营养细胞的培养基。要求营养丰富而全面，尤其是氮源和维生素，同时应尽量考虑各种营养成分的特性，使 pH 在培养过程中能稳定在适当的范围内，以有利菌种的正常生长和发育。

（3）发酵培养基　是专门用于菌种生长、繁殖和发酵产生目的代谢产物即发酵产品的培养基。其碳源含量往往高于种子培养基。在大规模生产时，原料应来源充足、成本低廉，还应有利于下游的分离提取。

实训项目拓展

根据不同微生物的营养需要配制不同的培养基，如自养型微生物的培养基由简单的无机物质组成，异养微生物的培养基至少需要含有一种有机物质。

细菌、放线菌、酵母菌和霉菌所需要的培养基成分也不同，一般常用的培养基分别称为牛肉膏蛋白胨培养基、高氏1号合成培养基、麦芽汁培养基、马铃薯葡萄糖培养基。

1. 高氏1号培养基的制备——用于分离、培养放线菌

培养基成分：可溶性淀粉20g，KNO_3 1g，NaCl 0.5g，K_2HPO_4 0.5g，$MgSO_4 \cdot 7H_2O$ 0.5g，$FeSO_4 \cdot 7H_2O$ 0.01g，琼脂15~20g，水1000mL，pH 7.2~7.4。

因本配方中含有淀粉，要先将淀粉置于少量冷水中调成糊状，再加水搅拌，加热至溶解，然后依次加入药品和琼脂，待其完全溶解后，补充所失水分，调节 pH 至7.4。其后操作方法与牛肉膏蛋白胨培养基所述相同。

2. 豆芽汁葡萄糖培养基——用于分离培养酵母菌及霉菌

培养基成分：黄豆芽100g，葡萄糖50g，琼脂15~20g，水1000mL，自然 pH。

称新鲜黄豆芽100g，放烧杯中，再加入1000mL水，小火煮沸30min，用纱布过滤，加水补足水量，制成10%的豆芽汁。再加入葡萄糖50g，溶解后加琼脂继续使之熔化，最后补足失水。其后方法同上。

3. 马铃薯葡萄糖培养基——分离霉菌用

培养基成分：马铃薯200g，葡萄糖20g，琼脂15~20g，水1000mL，自

然 pH。

将马铃薯去皮，挖去芽眼洗净，称取 200g，切成薄片，立即放入 1000mL 水中，否则马铃薯易氧化变黑。然后加热煮沸 30min，用纱布过滤，即得马铃薯汁，补足水分，加入糖及琼脂溶解，补足失水。其后方法同上。

小知识

琼脂——从餐桌到实验台

最早用来培养微生物的人工配制的培养基是液体状态，而为获得微生物的纯培养只有将混杂的微生物样品进行系列稀释，直到平均每个培养管中只有一个微生物个体。但是，这种方法非常困难，不仅繁琐而且重复性差，并常导致纯培养物被污染。因此，在早期微生物研究中，分离微生物的进展相当缓慢。

1881 年，德国的细菌学家罗伯特·科赫（Robert Koch）发表论文介绍利用土豆片表面划线接种分离微生物，经培养后可获得微生物的纯培养。他把煮熟的土豆用灭菌的刀子切成薄片，然后在其表面进行划线分离微生物。但是一些细菌在土豆培养基中生长状态较差。几乎同时科赫的助手发展了利用肉膏蛋白胨培养病原细菌的方法，科赫决定采取方法固化此培养基。他利用自己的摄影知识，利用银盐和明胶制备胶片的丰富经验，将明胶和肉膏蛋白胨培养混合后铺在玻璃平板上让其凝固，然后采取在土豆表面的划线接种方法在其表面接种微生物，获得纯培养。但由于明胶熔点低，而且容易被一些微生物分解利用，使其使用受到限制。

有意思的是，科赫的一名助手，其夫人具有丰富的厨房经验，当她听说明胶作为凝固剂所遇到的问题后，提议以厨房中用来做果冻的琼脂代替明胶。1882 年，琼脂就开始作为凝固剂用于固体培养基的制备，这样，琼脂从餐桌走向实验台，为微生物学的发展起到重要作用，一百多年以来一直沿用至今。

▶ **课后思考**

1. 微生物的生长繁殖需要哪些营养成分？
2. 通过本次试验，你认为在配制培养基时应注意哪些问题？
3. 为什么分装于三角瓶和试管中的培养基量不能过多？
4. 配制培养基有哪几个步骤？在操作过程中应注意什么问题？为什么？
5. 举例说明细菌、放线菌、酵母菌、霉菌通常使用哪些培养基，其 pH 如何？

灭菌技术和消毒技术

项目导入

人们控制和调节微生物所处环境条件的目的是要促进某些有益微生物的生长，发挥它们的有益作用；抑制和杀死那些不利于人类的微生物，并清除它们的有害作用，如防止食品的腐败变质等。

灭菌是指用各种理化因素杀灭物体上所有微生物（包括病原微生物、非病原微生物和芽孢）的方法；而消毒指用各种方法杀灭一定范围内的病原微生物，达到无传染性的目的，对非病原微生物及芽孢并不要求全部杀死。用以消毒的药物称为消毒剂，一般消毒剂在常规浓度下，只对细菌的繁殖体有效，对芽孢则不能杀死。

在微生物学试验及食品加工的操作中尤为重要的概念是无菌，是指物体无活的微生物的意思。采取防止一切微生物进入某一范围的方法，称为无菌法、无菌技术或无菌操作。无菌技术是微生物学研究的基本技术之一。

实验室及食品加工中常用的灭菌和消毒方式有高温灭菌、辐射灭菌、化学消毒剂、过滤除菌等。所利用的原理是一些物理因素（温度、干燥、辐射、超声波等）和化学因素（氧化剂、表面活性剂、酸碱类等）等外界环境因素会对微生物的生长造成影响，甚至是死亡。高温灭菌是最常用的一种灭菌方法。

材料与仪器

培养皿、试管、吸管、电热恒温干燥箱、高压蒸汽灭菌锅等。

实践操作

一、干热灭菌（以热空气灭菌为例）

干热灭菌是利用高温使微生物细胞内的蛋白质凝固变性而达到灭菌的目的。细胞内的蛋白质凝固性与其本身的含水量有关，菌体受热时环境和细胞内含水量越大，蛋白质凝固就越快，反之，含水量越小，凝固越慢。因此，与湿热灭菌相比，干热灭菌所需温度要高（160～170℃），时间要长（1～2h）。干热灭菌要求在电热干燥箱中进行，其外观结构如图7－1所示。

此法适于在高温下不损伤、不变质、不蒸发的物品，如玻璃器皿（培养皿、试管、移液管、吸管等）、金属器皿器械的灭菌，而培养基和无菌水等就不适合这类方法。

1. 步骤

玻璃器皿的洗涤→干燥→器皿包扎→放入干燥箱→打开电源升温→恒温，保持 2h→关闭电源自然降温→取出灭菌物品。

2. 注意事项

（1）把灭菌的物品放入电热恒温箱中，要留有孔隙，装放物品不可过挤，散热底板隔板不应放置物品，以免影响热空气流通；用纸包扎的物品不能接触电烘箱内壁，以免着火，水分大的应尽量放在上层。

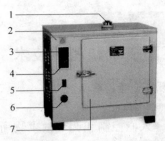

图 7 - 1　电热恒温干燥箱外观结构
1—排气阀　2—箱体　3—数显仪表
4—调温旋钮　5—鼓风开关
6—切热开关　7—箱门

（2）灭菌物品用纸包扎或带有棉塞时温度不能超过 170℃，否则器皿外包裹的纸张、棉塞会被烤焦甚至燃烧。

（3）调节温度控制旋钮，在 160~170℃ 条件下稳定 1~2h。

（4）灭菌达到规定的时间后，断电并打开通气口，不能立即开门取物，在温度降到 70℃ 左右时，打开箱门，以免骤然降温导致玻璃器皿破裂。

二、湿热灭菌（以高压蒸汽灭菌为例）

高压蒸汽灭菌器是一种密闭的容器，因器内的蒸汽不能外溢，器内压力持续增高，温度也随之升高，杀菌力也随之增强。通常在 103kPa 的压力下，温度达到 121.3℃、维持 15~30min，可杀死所有的微生物，包括其繁殖体和芽孢，达到灭菌的效果。

高压蒸汽灭菌法是最常用、最有效的灭菌法。此法适用于耐热、不怕潮湿的物品，如普通培养基、玻璃器皿、手术器械、敷料、生理盐水和工作服等的灭菌。高压蒸汽灭菌锅类型很多，现以手提式高压蒸汽灭菌锅为例，如图 7 - 2 所示。

1. 步骤

（1）检查压力表和安全阀。

（2）加水至外筒内，被灭菌物品放入内筒。盖上灭菌器盖，拧紧螺旋使之密闭。

（3）通电加热，同时打开排气阀门，排净其中冷空气。

（4）关闭排气阀，继续加热，待压力表渐渐升至所需压力时（温度为 121.3℃），开始计时，维持 15~30min。

（5）灭菌时间到达后，停止加热，待压力降至零时，慢慢打开排气阀，排除余气，开盖

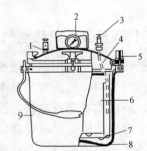

图 7 - 2　手提式高压蒸汽灭菌锅
1—安全阀　2—压力表　3—排气阀
4—软管　5—紧固螺旋　6—内锅
7—三角搁架　8—电热丝　9—外锅

取物。

2. 注意事项

（1）灭菌前需检查压力表和安全阀的灵敏度。

（2）在灭菌锅的套层内加入适量的水，没过电热丝，使水面与三角搁架相平为宜。切勿忘记加水，同时水量不可过少，以防灭菌锅烧干而引起炸裂事故。然后把要灭菌的物品放入锅内，物品不应相互挤压过紧以保证蒸汽通畅。三角烧瓶与试管口端均不要与锅壁接触，以免冷凝水淋湿包口的纸而透入棉塞。

（3）上锅盖时螺丝要对角上紧，使蒸汽锅密闭勿漏气，以防压力达不到要求，上盖时应注意，将连在排气孔上的排气软管插入灭菌室壁上的管内，这样排气完全，因空气比水蒸气重。

（4）灭菌前需完全排尽锅内冷空气，否则灭菌不彻底。

（5）灭菌完成后关闭电源，当压力指针回到零点时，即可开盖，取出灭菌物品。但切勿采用打开放气阀降压，因为此时压力虽然降低很快，但温度不能很快降下来，就使锅内水和培养基发生爆沸现象，锅内水会溢上来浸湿棉塞，培养基也会冲出瓶口，也不能在压力未完全降下来前打开锅盖。

（6）灭菌结束后，放尽锅内水，擦干，以免日久生锈。

（7）对不耐高温的试剂比如葡萄糖等成分可以 70kPa 和 40kPa 的蒸汽压力进行高压蒸汽灭菌时，温度可达到 115℃ 或 110℃，维持 30min，亦可达到灭菌目的。

（8）将灭菌后的培养基随意抽取 3~5 支试管置于 37℃ 温箱中，培养 24h，若无菌生长可保存备用；反之，有黏液状的东西或各种颜色斑点等，即是微生物的菌落，说明灭菌不彻底，应重新进行灭菌。

问题探究

一、常见玻璃器皿的清洗、干燥和包扎

为了保证无菌操作实验的顺利进行，要求实验中所用的器皿干净整洁，并保持无菌状态。因此，需要对玻璃器皿如培养皿、试管、移液管等进行清洗、包扎和灭菌。这些工作是微生物实验工作的基础，若不按规定和要求去做，会导致微生物实验的失败。

1. 玻璃器皿清洗

任何洗涤方法都不应对玻璃器皿有所损伤，因此，不能用腐蚀性的化学试剂，也不能用比玻璃硬度大的物品来擦拭玻璃器皿。

（1）新购入的玻璃器皿常附有游离碱质，不能直接使用。一般先在 1% 的盐酸溶液中浸泡数小时，然后再用肥皂水和清水刷洗以除去遗留的酸质。

（2）使用后玻璃器皿的清洗　凡经微生物污染过的玻璃器皿，特别是被病

原微生物污染过的玻璃器皿，在洗涤前必须进行严格的灭菌，方法如下：

试管、烧杯、平皿等可在高压蒸汽灭菌锅内进行，在121℃温度下，灭菌15～30min。后用毛刷擦上去污粉，刷去油脂和污垢，然后用清水冲洗数次，最后用蒸馏水冲洗。

载玻片、吸管等器皿可浸泡于5%石炭酸或0.1%的升汞中48h，后用去污粉清洗。浸泡吸管时，要在玻璃缸底部垫以棉花或其他软质材料，以防放入吸管时管尖碰破。载玻片浸泡消毒48h后取出，置5%的肥皂水中煮沸30min，最后用清水冲洗干净，擦干保存，或浸于95%的酒精中备用；清洗吸管时先用细铁丝取出管口的棉花，用吸管刷蘸取去污粉后，刷洗管内的油脂和污垢，后在流动的清水中反复冲洗数次，最后用蒸馏水冲洗数次。

盛有固体培养基（如琼脂）或沾有油脂（如凡士林、石蜡等）的玻璃器皿，应在灭菌后，趁热随即倒掉内容物，用去污粉刷洗，然后用清水反复冲洗数次，倒立使其干燥。

洗涤后的器皿应达到玻璃壁能被水均匀润湿而无条纹和水珠。

2. 玻璃器皿的干燥

洗净的玻璃器皿，通常倒立于干燥架上让其自然干燥，必要时可插在电热风干机上或放在干燥箱中加热干燥。要注意温度不宜太高（50℃左右），以免器皿破裂。

3. 玻璃器皿的包扎

灭菌前玻璃器皿必须妥善包装，以免灭菌后又被污染。

（1）三角瓶和试管 试管和三角瓶都需要合适的棉塞或硅胶塞。棉塞可起过滤作用，避免空气中的微生物进入容器。棉塞的制作如图7-3所示。制作棉塞时，要求棉花紧贴玻璃壁，没有皱纹和缝隙，松紧适宜。过紧易挤破管口和不易塞入；过松易掉落和污染。棉塞的长度不小于管口直径的2倍，约2/3塞进管口（见图7-4）。若干支试管用绳扎在一起，在棉花部分外包裹油纸或牛皮纸，再用绳扎紧。三角瓶瓶口加棉塞后单个用双层报纸或牛皮纸包扎（见图7-5）。

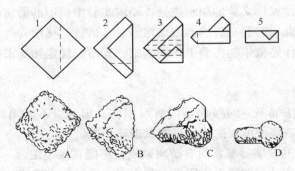

图7-3 棉塞的制作

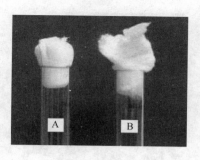

图7-4　正确的棉塞和不正确的棉塞
A—正确的棉塞，B—不正确的棉塞

图7-5　灭菌时三角瓶包扎方法

（2）吸管的包装　洗净烘干后的吸管，在包扎前先用长针头或细铁丝在吸管口端塞少许棉花，以免使用时将杂菌吹入，或不慎将微生物吸出管外。塞入的棉花量要适宜，多余的棉花可用酒精灯火焰烧掉。然后将吸管用宽4～5cm的长条报纸，以30°～50°的角度螺旋形卷起来，吸管的尖端在头部，另一端用剩余的纸条打成一结，以防散开，标上容量（见图7-6）。若干支吸管包扎成一束进行灭菌，使用时从吸管中间拧断纸条，抽出吸管。

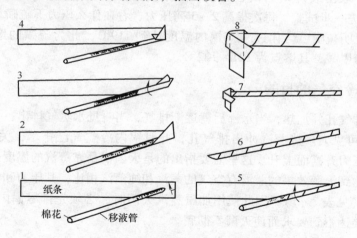

图7-6　吸管的包扎方法及步骤

（3）平皿等器皿的包装　洗净的培养皿烘干后每10套（或根据需要而定）叠在一起，用纸卷成一筒，或装入特制的铁桶中，然后进行灭菌（见图7-7）。

4. 玻璃器皿的灭菌

玻璃器皿用前要进行灭菌，可用干热灭菌法，灭菌温度控制在160～170℃，维持1～2h。也可用高压蒸汽灭菌法（121.3℃，15～30min）灭菌，后烘干备用。

图 7-7　培养皿的包扎示意图

二、高压蒸汽灭菌锅压力表的检查

检查压力表是否准确的一个简易方法是，取 2~3g 硫磺捣碎成粉状，装入试管中，塞上棉塞同其他物品一起进行灭菌，但注意压力表不能超过 0.1MPa。灭菌结束后，取出装硫磺的试管观察，如果仍是原来的粉状，说明温度未超过 119℃。可进一步试验，每次提高 2~3 磅压力，看在什么压力下硫磺粉结块，硫磺粉结块说明硫磺已熔化过（当锅内温度达到 119℃，此为硫磺的熔点温度）。也可采用苯甲酸，其熔点为 121~122℃。

三、排出冷空气的目的

打开排气孔并加热，当水沸后就逐渐排气，当看见水蒸气排出，一般需排气 3~5min，可见大量热蒸汽冲出排气孔，此时锅内冷空气已排尽，关闭排气阀，温度即随压力升高而上升。这里需要指出的是灭菌锅是靠蒸汽的温度而不是单纯靠压力来达到灭菌效果的。混有空气的蒸汽和纯蒸汽相比，其压力和温度的关系很不相同（见表 7-1），因此使用加压蒸汽灭菌时，必须先排尽锅内的冷空气，否则温度会达不到要求而使灭菌不彻底。

表 7-1　　　灭菌锅内留有不同分量空气时，压力与温度的关系

压力/kPa	蒸汽温度/℃	
	排净空气	未排空气
34.47	109.0	72
68.95	115.5	90
103.42	121.5	100
137.89	126.5	109
172.36	131.5	115
206.84	134.6	121

四、灭菌与消毒、防腐、商业无菌的区别

防腐：又称抑菌，能够防止或抑制微生物的生长、繁殖。因此防腐剂只能够抑制微生物生长和繁殖，不足将其杀灭。

消毒：是指杀死病原微生物的措施。常用的化学消毒剂有：石炭酸、来苏尔、新洁尔灭、氯化汞、碘酒、酒精等。消毒剂不能用于人体口服、皮肤与注射。在微生物学研究、微生物工业生产和大型手术中，为了获得可靠的结果、保证生产的顺利或避免感染，要求将器具进行消毒或灭菌，甚至连场地和环境也要进行严格的消毒。

灭菌：杀灭物体上所有的微生物，包括病原微生物及非病原微生物。能够杀死微生物的化学品或化学混合物就称为灭菌剂。常见的灭菌剂有：戊二醛、氧化性试剂（如环氧乙烷、过氧乙酸、过氧化氢、二氧化氯）等。

商业无菌：是从商品的需要出发对食品进行的灭菌，指食品经过杀菌处理后，按一定的检验方法检不出活的微生物或者仅能检出极少数的非病原微生物，而且，它们在一定的保存期内不至于引起食品变质腐败。

> 知识拓展

一、其他干热灭菌方法（火焰灼烧灭菌技术）

直接点燃或在焚烧炉内进行，是一种最彻底的灭菌方法，常用于尸体、废弃的污染物等焚烧灭菌；实验室用的接种环、试管口、瓶口等，在使用前可通过酒精灯火焰灭菌；急用的刀、剪等金属器械及搪瓷用具等，点燃酒精燃烧 1 ~ 2min，可达到灭菌的效果。

例如：接种环在使用前灭菌（见图 7 - 8）。

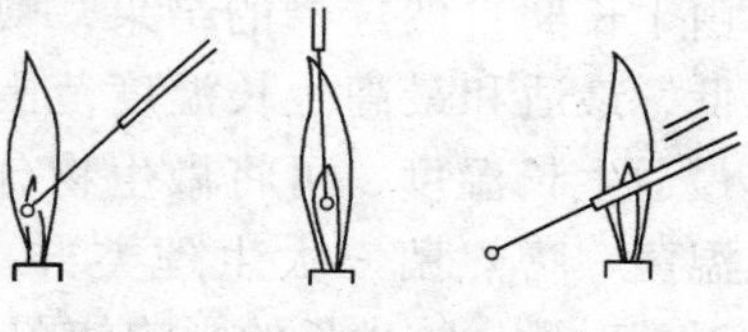

图 7 - 8　接种环的灭菌

二、其他湿热灭菌法

1. 煮沸消毒法

物品在水中煮沸（100℃）维持 15min 以上，可杀死微生物的营养体，若要杀死芽孢，则需要 2 ~ 3h，如加入 1% 碳酸钠或 2% ~ 5% 石炭酸，则效果更好。此法适用于解剖器具、家庭餐具和饮用水等的消毒。

2. 间歇灭菌法

间歇灭菌法又称分段灭菌，在没有高压灭菌设备，灭菌对象又比较稳定的情况下，可以达到基本完全灭菌的目的。具体方法是将待灭菌物品于常压下加热至100℃维持 15 ~ 60min，以杀死其中营养细胞。冷却后 37℃保温过夜，使残存芽孢萌发成营养体，第二天重复上述步骤，反复三次，即可杀灭所有的芽孢和营养

细胞，达到灭菌目的。适用于一些不耐高温的培养基、药液、酶制剂、血清等的灭菌，缺点是麻烦、费时。

3. 巴氏消毒法

巴氏消毒是指用低于水的沸点（100℃）的温度对食品的加热处理，又称中温消毒，可杀死物料中的无芽孢病原菌，而不影响食品的营养和风味。此法最早由法国微生物学家巴斯德用来处理葡萄酒防止其变酸，适用于牛乳、啤酒、果酒或酱油等不宜进行高温灭菌的液态风味食品或调料等产品的低温消毒。具体做法可分为两类：一类是经典的低温维持法（LTH），例如用于牛乳消毒只要在63℃维持30min即可；另一类是高温瞬时法（HTST），用此法作牛乳消毒时只要在72℃维持15s或80～85℃维持10～15s。近年来，牛乳和其他液态食品一般都采用超高温瞬时灭菌技术（UHT），即138～142℃，灭菌2～4s，既可杀菌，又能保质，还可缩短时间，提高经济效益。

三、温度对微生物生长的影响

无论干热灭菌还是湿热灭菌，所利用的都是温度上升到一定高度，使微生物细胞功能下降以致死亡。事实上温度是决定微生物能否进行生长繁殖的最重要的条件。由于微生物的生命活动是由一系列酶促反应组成的，而这些酶只有在一定温度下才具有活力。自然界中在 -10～95℃温度范围内都有微生物的存活，但是在不同的温度范围内生存的微生物种类不同，这是因为各种微生物都有其适宜的生长温度。由于长期自然选择的结果，微生物都有其最低、最适和最高生长温度范围。根据微生物最适生长温度，可将微生物分为嗜冷菌、嗜温菌、嗜热菌三大生理类群（见表7－2）。温度对微生物生长的影响如图7－9所示，在最适温度范围内，微生物生长繁殖迅速、旺盛；在最低或最高温度范围内，其生长速度放缓；低于最低生长温度时，微生物新陈代

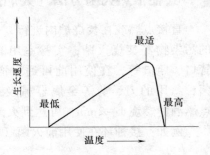

图7－9　温度对微生物生长的影响

类群	生长温度范围/℃			分布
	最低	最适	最高	
嗜冷微生物	-10～5	10～20	20～30	水和冷库中微生物
嗜温微生物	10～20	25～30	40～45	腐生微生物
	10～20	37～40	40～45	寄生人和动物体微生物
嗜热微生物	25～45	50～55	70～80	温泉和堆肥中微生物

表7－2　　　　　　　　　各种微生物生长温度范围

谢缓慢，生长受到抑制，但仍可维持其生命；高于最高生长温度时，微生物蛋白质往往凝固变性，使其死亡，起到杀菌作用。

所以，在生产实践中，可以通过创造适宜温度让微生物进行大量生长繁殖，生产微生物制品；又可以通过降低温度（冷冻）抑制微生物生长繁殖，防止食品变质；而提高温度至高于最高生长温度就可以应用于灭菌。

四、利用其他物理因素进行灭菌和消毒的方式

利用影响微生物生长的物理因素进行灭菌除了温度外，常用的还有紫外线、干燥、渗透压、过滤除菌等。

1. 紫外线

紫外线波长范围为 $136 \sim 400nm$，而以 $250 \sim 265nm$ 杀菌力最强。实验室使用的紫外线杀菌灯对空间或超净工作台进行杀菌，其波长在 $253.7nm$。紫外线的杀菌原理是，紫外线主要作用于微生物的 DNA，使 DNA 链上相邻的胸腺嘧啶结合成二聚体，从而干扰了 DNA 的复制，引起致死性突变而死亡。紫外线的穿透力很弱，即使是很薄的玻片也不能通过，因此仅适用于室内空气和物体表面的消毒。

紫外灯距离照射物体以不超过 $1.2m$ 为宜。紫外线对人体有伤害作用，可严重灼烧眼结膜，损伤视神经，对皮肤也有刺激作用，所以不能在开着的紫外灯下工作。为了阻止微生物的光复活现象，也不宜在日光下或开着日光灯或钨丝灯的情况下进行紫外线灭菌。

一般对于超净工作台可采用延长照射时间或与化学消毒剂联合灭菌的方法，即先喷洒 $3\% \sim 5\%$ 的石炭酸溶液，或用浸沾 $2\% \sim 3\%$ 来苏尔溶液的抹布擦拭，然后开启紫外灯。

2. 干燥

干燥的主要作用是抑菌，使细胞失水，代谢停止，也可引起某些微生物死亡。干果、稻谷、乳粉等食品通常采用干燥法保存，防止腐败。休眠孢子抗干燥能力很强，在干燥条件下可长期不死，故可用于菌种保藏。

3. 渗透压

渗透压对微生物的生命活动有很大的影响。各种微生物都有一个最适宜的渗透压，而且微生物对渗透压有一定的适应能力，渗透压的逐渐改变对微生物的活力无多大影响。当渗透压突然改变或超过一定限度的变化时，则抑制微生物的生长繁殖或导致其死亡。

等渗状态下，即微生物生活环境的渗透压与其细胞的渗透压相等时，则有利于微生物的生长繁殖。

微生物在高渗环境中，水从细胞中流出，使细胞脱水。盐腌制咸肉或咸鱼，糖浸果脯或蜜饯等均是利用此法保存食品的。

低渗状态下，即将微生物置于低渗溶液（如蒸馏水）中，因水分大量渗入菌体，使菌体细胞膨胀、破裂、胞浆漏出，致其死亡。这种现象称为"胞膜破裂"或"胞浆压出"。事实上，微生物对低渗透压的抵抗力相当强，不容易因此而死亡，但在实验室工作中，为了避免影响微生物的生理活动，不发生"胞浆压出"现象，在培养细菌时，常用等渗溶液配制培养基，以有利于细菌的生长。

4. 过滤除菌

过滤除菌是以物理阻留的方法，通过滤菌器除去液体和气体中的细菌。滤菌器含有微细小孔，液体和气体能通过，而细菌一般不能通过，借以获得无菌的液体和气体。图7-10为一简易过滤除菌装置。对乳化态、浑浊态的食品，由于过滤后能改变其性状，因而不适宜使用这种方法。滤菌器一般不能除去病毒、支原体及L型细菌。

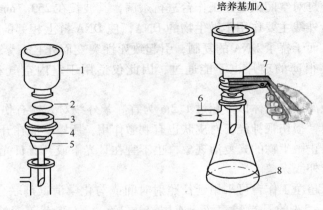

图 7-10　简易过滤除菌装置

1—漏斗　2—滤膜　3—多孔玻璃板　4—基座　5—橡皮塞　6—接真空泵　7—手夹　8—除菌培养基

过滤除菌广泛应用于微生物实验室、手术室、制药工业、食品工业、制表工业等部门，可减少空气中的尘埃和细菌。实验室中常用的滤器有滤膜过滤器、蔡氏过滤器、玻璃过滤器、磁土过滤器等。

在实验室，过滤除菌主要用于一些不耐高温灭菌的物质如血清、毒素、抗毒素、酶、维生素、抗生素及药液的除菌。实验室中用于除菌的微孔滤膜孔径一般为 0.2μm，但若将病毒除去，则需要更小孔径的微孔滤膜。

在食品工业，过滤除菌广泛应用于饮料厂、糖厂、酒厂，以除去水质、粗糖液、贮酒中可能污染的细菌；也经常应用于食品加工、包装、发酵等生产过程中环境空气的除菌，而且本法也最为经济、效率亦高。

五、化学消毒剂和防腐剂

消毒剂是指可以抑制或杀灭微生物，对人体也可能产生有害作用的化学药剂，主要用于抑制或杀灭非生物体表面、器械、排泄物和环境中的微生物。

防腐剂是指可以抑制微生物但对人和动物毒性较低的化学药剂，可用于机体表面如皮肤、黏膜、伤口等处防止感染，也可用于食品、饮料、药品的防腐。

如今消毒剂和防腐剂间的界线已不严格，如高浓度的石炭酸（3%～5%）用于器皿表面消毒，低浓度的石炭酸（0.5%）用于生物制品的防腐。

消毒防腐剂的作用机理一般有下列三种方式：①使微生物蛋白质凝固变性，发生沉淀，如酒精等；②破坏菌体的酶系统，影响菌体代谢，如过氧化氢等；③降低微生物表面张力，增加细胞膜的通透性，使细胞发生破裂或溶解，如来苏尔等酚类物质。

理想的消毒剂和防腐剂应具有作用快、效力大、渗透强、易配制、价格低、毒性小、无怪味的特点。完全符合上述要求的化学药剂很少，通常应根据需要尽可能选择具有较多优良特性的化学药剂，常用消毒剂及防腐剂如表7-3所示。

表7-3　　　　　　　　　　常用化学消毒剂应用范围及浓度

类别	实例	常用浓度	应用范围	作用原理	备注
醇类	乙醇	70%～75%	皮肤及器械消毒	脱水、蛋白质变性、损伤细胞膜	对真菌、病毒、芽孢无效
	异丙醇	70%～90%	皮肤消毒		
酚类	石炭酸	5%	器械、排泄物消毒	破坏细胞膜、蛋白质变性	对芽孢、病毒无效
	来苏尔	2%～5%	皮肤消毒，房舍、器械消毒		
醛类	甲醛	5%～10%	房间、空气、地面、用具熏蒸消毒	蛋白质烷基化、改变酶或蛋白质的活性	对真菌、病毒、芽孢均有效
重金属离子	升汞	0.05%～0.1%	非金属器皿、植物组织表面消毒	蛋白质沉淀变性、酶失活	
	硝酸银	0.1%～1%	皮肤、新生儿眼睛消毒		
	红汞	2%	皮肤、黏膜、伤口		
氧化剂	高锰酸钾	0.1%	皮肤、蔬菜、饲料等消毒	作用于蛋白质的巯基，使蛋白质和酶失活，强氧化剂还可破坏蛋白质的氨基和酚羟基	可杀灭芽孢
	过氧化氢	3%	清洗创面、溃疡、伤口感染		杀死一般细菌尤其适用厌氧菌感染的伤口
	过氧乙酸	0.2%～0.5%	水果、蔬菜、塑料、玻璃制品等餐具、空间、饮水等消毒		对细菌、芽孢、病毒等均有效，高效无残留广谱杀菌剂
	氯气		饮用水清洁消毒		对细菌、芽孢、病毒均有效
	漂白粉	1%～5%	饮水、房舍、用具、排泄物等消毒		
	碘酊	5%	皮肤消毒		

续表

类别	实例	常用浓度	应用范围	作用原理	备注
表面活性剂	新洁尔灭	0.1%~0.2%	皮肤消毒，玻璃器皿、手术器械消毒、种蛋消毒、禽舍空间喷雾消毒	破坏菌体细胞膜的结构，造成胞内物质泄漏，蛋白质变性	对病毒、芽孢、结核杆菌、绿脓杆菌无杀灭作用
染料类	龙胆紫	1%~2%	皮肤、黏膜创伤或溃疡	与蛋白质的羧基结合形成弱电离的化合物，妨碍菌体的正常代谢，抑制生长	对革兰氏阴性菌和抗酸菌几乎无作用
酸类	乳酸	2%~10%	空气消毒（喷雾或熏蒸）		
	苯甲酸	0.1%	食品防腐剂		
	乙酸	0.1%~0.5%	空气消毒（熏蒸）		对绿脓杆菌有效，预防流感
碱类	石灰水	1%~3%	地面消毒		
	氢氧化钠	2%~5%	畜舍、用具、环境消毒		

实训项目拓展

一、超净工作台的灭菌消毒和使用

超净工作台是微生物实验室常用的无菌操作设备，它能在局部造成高洁净度的环境。其工作原理为：通过风机将空气吸入，经由静压箱通过高效过滤器过滤，除去了直径大于 $0.3\mu m$ 的尘埃、真菌和细菌孢子等，将过滤后的洁净空气以垂直或水平气流的状态送出，使操作区域持续在洁净空气的控制下达到百级洁净度，保证操作对环境洁净度的要求。同时超净空气的流速为 $24\sim30m/min$，这已足够防止操作时附近空气可能袭扰而引起的污染，这样的流速也不会妨碍采用酒精灯对器械等的灼烧消毒。工作人员就在这样的无菌条件下操作，保持无菌材料在转移接种过程中不受污染。

超净工作台根据气流的方向分为垂直流超净工作台和水平流超净工作台，根据操作结构分为单边操作及双边操作等形式，图7-11为双人单面超净工作台。操作台内一般设有紫外线杀菌灯和普通日光灯，以保证杀菌和正常操作。

1. 操作步骤

（1）使用工作台时，应先用5%的甲酚皂液或0.1%的新洁尔灭擦拭超净工

图 7 – 11　双人单面超净工作台

作台两遍。

（2）先开启超净工作台上的紫外灯，照射 30min。

（3）开启风机，整个实验过程中，实验人员按无菌操作规程操作。

（4）实验结束后，用消毒液擦拭工作台面，关闭工作照明电源。重新开启紫外灯照射 15min 后关闭。

2. 注意事项

（1）操作区内不要放置不必要的物品，以减少对操作区清洁气流流动的干扰。

（2）进行操作时，要尽量避免做干扰气流流动的动作。

（3）新安装的或长期不使用的工作台，使用前必须对工作台和周围环境认真进行清洁工作，用药物灭菌法或紫外线灭菌法进行灭菌处理。

（4）当大风机不能使操作区内的风速达到 0.32m/s 时，必须更换高效过滤器。一般每 2 个月要测量一次风速。

（5）每周要对周围环境进行一次灭菌。

二、无菌室的消毒灭菌技术

1. 无菌室要求

（1）无菌室应严禁放置杂物，仅存放最必需的检验用具如酒精灯、酒精棉、镊子、接种针、接种环等，无关人员严禁入内。

（2）无菌室应严格保持整洁，防止污染，定期用甲醛熏蒸消毒（每月一次），使用前用 0.1% 新洁尔灭擦拭消毒净化工作台。

（3）使用前开启紫外灯照射 60min，同时开启风机，操作完毕及时清理，再开紫外灯照射 30min。

（4）实验人员进入无菌室，必须更换无菌衣、帽、鞋等，操作前用0.1%新洁尔灭或75%酒精进行手消毒。

（5）检验过程严格按照无菌操作规程操作，爱惜室内用具，使用完毕，整理物品及各种用具并清洁工作台面。

（6）无菌室定期进行洁净度测试检查。一般采用沉降法。

无菌室面积≤30m² 时，在设定的一条对角线上选取3点，即中心1点、两端距墙1m处各取1点；无菌室面积≥30m² 时，选取东、南、西、北、中5点，其中东点、南点、西点、北点均距墙1m。在所选位点，将平板计数琼脂平板（90mm）至于距离地面80cm处，开盖暴露15min，然后置于（36±1）℃恒温培养箱培养48h。如果每一个平皿内菌落不超过4个，则可认为无菌程度良好，若菌落数很多，则应重复以上步骤，进一步对无菌室进行灭菌。

无菌室主要采取甲醛消毒和紫外线消毒。

2. 操作步骤

准备一瓷碗或玻璃容器，称取高锰酸钾倒入，另外量取定量的甲醛溶液，室内准备妥当后，把甲醛溶液倒在盛有高锰酸钾的器皿内，立即关门。利用高锰酸钾的氧化作用促使甲醛汽化。通常1m³ 的空间需要25mL的高锰酸钾和12.5g甲醛作用24h。

在无人条件下，可采取紫外灯消毒，作用时间应大于30min，应使物品表面直接接受紫外灯的照射，且达到足够的照射剂量。在室温20～25℃时，220V、30W紫外灯下方垂直位置1.0m处的253.7nm紫外线辐射强度应≥70μW/cm²，低于此值时应更换。应有适当数量的紫外灯，确保平均每立方米应不少于1.5W。

3. 注意事项

（1）甲醛溶液熏蒸对人的眼、鼻有强烈的刺激作用，在一定时间内不能入室工作。为减轻甲醛对人的刺激作用，熏蒸后12h，再量取与甲醛溶液等量的氨水，迅速放入室内，同时敞开门窗放出剩余的有刺激性的气体。

（2）人员在关闭紫外灯30min后，方可进入操作。

（3）无菌室在消毒处理后、无菌试验前及操作过程中需检查空气中菌落数，以此来判断无菌室是否达到规定的清洁度。

小知识

巴氏消毒法的建立

巴氏消毒法（pasteurization），亦称低温消毒法、冷杀菌法，是一种利用较低的温度既可杀死病菌，又能保持物品中营养物质风味不变的消毒法，现在常被广义地用于定义需要杀死各种病原菌的热处理方法。

巴氏消毒法的产生来源于巴斯德解决葡萄酒变酸的问题。当时，法国酿酒业面临着一个令人头疼的问题，那就是葡萄酒在酿出后会变酸，根本无法饮用。而且这种变酸现象还时常发生。巴斯德受人邀请去研究这个问题。经过长时间的观察，他发现使葡萄酒变酸的罪魁祸首是乳酸杆菌。营养丰富的葡萄酒简直就是乳酸杆菌生长的天堂。采取简单的煮沸的方法是可以杀死乳酸杆菌的，但是，这样一来酒的风味也就被煮坏了。巴斯德尝试使用不同的温度来杀死乳酸杆菌，而又不会破坏酒本身。最后，巴斯德的研究结果是：以50~60℃的温度加热葡萄酒30min，就可以杀死酒里的乳酸杆菌，而不必煮沸。这一方法挽救了法国的酿酒业。这种灭菌法也就被称为"巴氏消毒法"。

▶ 课后思考

1. 玻璃器皿灭菌前有何准备工作？
2. 干燥箱的使用和操作要点有哪些？
3. 高压蒸汽灭菌器的操作要点有哪些？
4. 对于无菌室和超净工作台，你认为在使用前如何灭菌消毒？
5. 在干热灭菌操作过程中应注意哪些问题，为什么？
6. 为什么干热灭菌比湿热灭菌所需要的温度要高，时间要长？试设计干热灭菌和湿热灭菌效果比较的实验方案。
7. 如何检验培养基灭菌彻底？若培养基灭菌不彻底，试分析其原因。
8. 在使用高压蒸汽灭菌锅灭菌时，怎样杜绝一切不安全的因素？

项目8 ▶

微生物的分离纯化技术

▮▮▮▮ 项目导入

从混杂微生物群体中获得单一菌株纯培养的方法称为分离。微生物在自然界中不仅分布广，而且都是混杂地生活在一起，为了生产和科研的需要，人们往往需从自然界混杂的微生物群体中分离出具有特殊功能的纯种微生物；或重新分离被其他微生物污染或因自发突变而丧失原有优良性状的菌株；或通过诱变及遗传改造后选出优良性状的突变株及重组菌株。这种获得只含有某一种或某一株微生物纯培养的过程，称为微生物的分离与纯化。由于微生物可以形成菌落，而每个单一菌落常常是由一种个体繁殖而成，菌落又是可以识别和加以鉴定的。因此将样品中不同微生物个体在特定的培养基上培养出不同单一菌落，再从选定的某一菌落中取样并移植到新的培养基中，就可以达到分离纯化的目的。

目前分离微生物最常用的方法有稀释平板法、平板划线法、平板涂布法和选择性培养基分离法等。不同方法分离后形成的单菌落如图8-1所示。

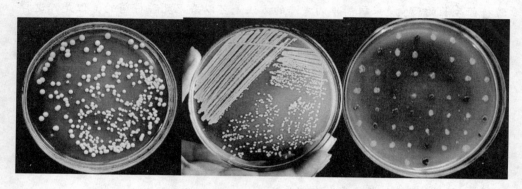

图8-1　不同方法分离后形成的单菌落示意图

材料与仪器

1. 菌种

大肠杆菌和金黄色葡萄球菌的混合菌液。

2. 培养基

普通营养琼脂培养基。

3. 仪器与用具

接种环、接种针、酒精灯、玻璃涂棒、吸管、培养皿、试管、无菌水、恒温培养箱、水浴锅、电子天平等。

实践操作

一、平板涂布法或稀释倒平板法

在自然界中，微生物呈混合状态存在，要想获得所需菌种，必须把它们从中分离出来。菌种保存时不慎受到污染，也需要进行纯化。微生物平板分离和纯化的方法是一种利用将待分离的样品进行一定程度的液体稀释，目的是使多种微生物细胞尽量以分散状态存在，然后生长繁殖成一个个单独存在的菌落，并从中挑选出某菌落而获得纯培养的方法。

1. 步骤

制备样品稀释液→平板的制备→涂布→培养（平板涂布法）（见图8-2和

图8-3）。

制备样品稀释液→稀释液移入平板内→倒培养基混匀→培养（稀释倒平板法）（见图8-2）。

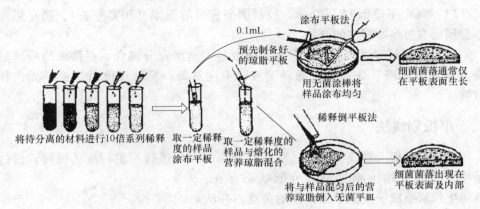

图8-2　平板涂布法或稀释倒平板法流程图

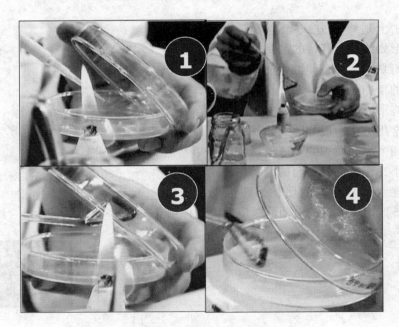

图8-3　涂布操作示意图

1—注样　2—过火　3—试温　4—涂布

采用稀释倒平板法存在两方面的缺点：一方面是一些严格好氧菌由于被固定在琼脂中间，缺乏溶氧而影响生长，形成的菌落小，难以挑取；另一方面是在倾入熔化的琼脂培养基时，如果温度控制过高，容易烫死某些热敏感菌，过低则会引起琼脂太快凝固，不能充分混匀。因而一般较少用于微生物的分离，常用于微生物的计数。

2. 注意事项

（1）每个平皿倒 15～20mL，控制倒平板时的温度（50℃左右），防止培养基凝固后有过多冷凝水的产生。

（2）每一稀释试管应充分振荡使菌液与无菌水充分混合，在移取稀释液时应反复润洗移液管 3 次，在稀释菌液时应注意每一稀释梯度就应换一无菌移液管。

二、平板划线法

利用在平板上划线稀释的过程将待分离的样品进行一定程度的稀释，目的是使多种微生物细胞尽量以分散状态存在，然后生长繁殖成一个个单独存在的菌落，并从中挑选出某菌落而获得纯培养的方法（见图 8-4）。

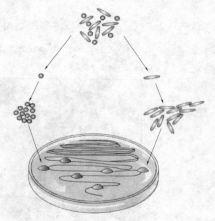

平板上划线的方式有连续划线、平行划线、扇形划线等，其目的都是通过将样品在平板上进行划线稀释，使微生物细胞数量随着划线次数的增加而减少，并逐步分散开来，经培养后最终形成分散的单个菌落。

最常用的是平板分区划线法，即将一个平板分成四个不同面积的小区进行划线，第一区面积最小，作为待分离菌的菌源区，第二和第三区是逐级稀释的过渡区，第四区则是关键区，使该区出现大量的单菌落以供挑选纯种用（见图 8-5）。

图 8-4 平板划线分离示意图

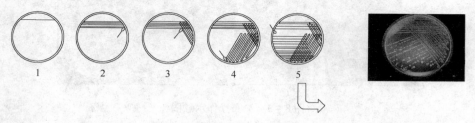

图 8-5 分区划线示意图

平板划线分离的其他方法如图 8-6 所示。常用微生物的接种工具如图 8-7 所示。

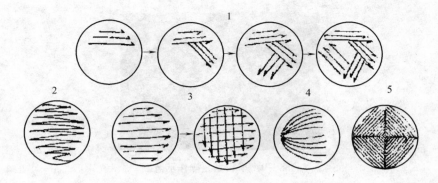

图 8 – 6 平板划线分离的其他方法
1—斜线法 2—曲线法 3—方格法 4—放射法 5—四格法

1. 步骤（以分区划线为例，见图 8 – 8）

（1）按稀释涂布平板法倒平板，并用记号笔标明培养基名称和实验日期。

（2）用接种环以无菌操作挑取悬液一环，先在平板培养基的一边作第一次平行划线 3～4 条。

（3）再转动培养皿约 70°，并将接种环上剩余物烧掉，待冷却后通过第一次划线部分的尾部作第二次平行划线。

（4）再用同样的方法通过第二次划线部分作第三次划线和通过第三次平行划线部分作第四次平行划线。

（5）划线完毕后，盖上培养皿盖，倒置于温室培养。

划线操作及结果如图 8 – 9 至图 8 – 11 所示。

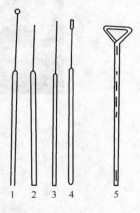

图 8 – 7 常用微生物
的接种工具
1—接种环 2—接种针
3—接种钩 4—接种铲
5—玻璃涂布器

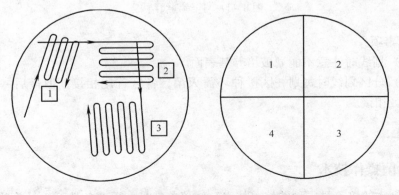

图 8 – 8 划线分离可以采用 3 区划线，甚至 4 区划线

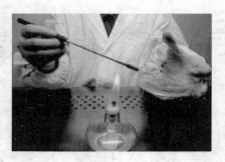

图 8-9　平板划线操作示意图

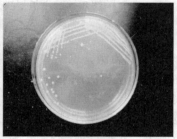

图 8-10　分区划线结果

图 8-11　连续划线结果

2. 注意事项

（1）划线时注意不能划破培养基表面。

（2）分区划线时每划一区接种环需灭菌，各区首尾相接，但最后一区不能与第一区相接。

问题探究

一、无菌操作技术

微生物的培养是一种纯培养技术。纯培养就是在无菌条件下，对单独一种微生物进行培养的方法。因此在微生物的分离、转接、培养过程中，需采取一定措施，尽量减少杂菌的传入，从而保证微生物的纯培养。所有为防止杂菌污染而采取的操作方法统称为无菌操作。这也是微生物试验与研究中的最重要最基本的技术。无菌操作包括：

（1）微生物的分离、接种操作要在无菌室、超净工作台等无菌环境中进行。

（2）每次接种前要进行环境消毒。

（3）操作人员注意个人卫生，进入接种室应更换工作服、鞋、帽、口罩。

（4）接种前工作台面、操作人员双手需用75％酒精擦拭消毒。

（5）接种工具和容器口部在接种前后须经火焰灼烧灭菌。

（6）整个操作在酒精灯火焰附近进行。

（7）棉塞等封口物品不得随意乱放，操作过程中夹在手里。

（8）操作完毕，清理桌面、台面、地面，移出物品。

（9）接种工作服、鞋、帽、口罩要专用，不得随意穿出，并经常清洗和消毒。

二、平板制备技术

平板是分离单菌落时必需的。在制备平板时也有一些关键点：

（1）无论是皿加法还是手持法（见图8-12），倒培养基时待培养基冷却至50℃左右，以无菌操作倾入无菌培养皿中。若温度过高，在皿盖上会形成很多冷凝水而影响结果，同时整个过程中防止环境中杂菌的污染。

（2）每个平皿倒入约15~20mL培养基，过多浪费，过少覆盖不住底部影响后面操作。

（3）放至水平面上自然冷却凝固，切勿随意晃动而使培养基表面不平整影响涂布操作。

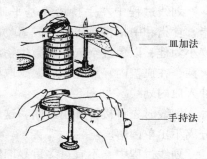

图8-12　倒培养基的方法

三、样液稀释技术

在获微生物纯培养时我们常用稀释分离法，即是由一个单细胞细菌繁殖而成，且是肉眼可见的子细胞群体这一原理及培养特征进行的。也就是说一个单菌落即代表一个单细胞。首先将待测样品制成均匀的、一系列不同稀释倍数的稀释液，并尽量使样品中的微生物细胞分散开来，使之呈单个细胞存在（否则一个菌落就不只是代表一个菌），再取一定稀释度、一定量的稀释液接种到培养皿中，使其均匀分布于培养皿中的培养基内。经培养后，由单个细胞生长繁殖形成菌落，即是纯种。在整个过程中样品的稀释液非常重要。

用1mL灭菌吸管，吸取稀释液1mL，沿管壁徐徐注入含有9mL灭菌生理盐水或其他稀释液的试管内（注意吸管尖端不要触及管内稀释液），充分振摇试管，使之混合均匀，制备成1：10的稀释液。另取1mL灭菌吸管，按上述操作顺序，做10倍递增稀释液，如此每递增稀释一次，即换用1支1mL灭菌吸管。否则吸管壁上残留的微生物细胞会影响稀释液浓度。

四、平板涂布技术

用1mL无菌吸管分别由稀释液中各吸取1mL对号放入已写好稀释度的平板中，用灭过菌的玻璃涂棒在培养基表面轻轻地涂布均匀，如图8-13所示。

五、平板划线技术

除稀释分离法外还可以由平板划线法得单菌落。

将被检材料通过划线稀释而获得单个菌落。因为划线越长，稀释度越大，获得单个菌落的机会也越大，因此在分离操作过程中，应尽量将线划长，以便获得满意的效果。

图8-13　平板涂布技术

划线过程中左手持培养基平皿，用其拇指、食指和中指将皿盖揭开成20°角左右（角度大小以能顺利划线为宜，但以角度小为佳，以免被空气中的微生物污染），并靠近火焰。右手持接种环在火焰上灭菌，在皿盖内轻靠冷却后，蘸取检样少许（防止温度过烫杀死培养物），迅速伸入皿内划线（见图8-9）。

划线时先将接种环稍弯曲，这样易和培养基面平行，不致划破培养基，否则分离不出单菌落。

划线过程中，不宜过多重复旧线，避免形成菌苔。

划线完毕，盖皿盖，接种环火焰上烧灼灭菌，防止污染环境。用蜡笔或记号笔在皿底注明被检材料名称、日期、班级、组号及姓名，然后置恒温培养箱倒置培养。

知识拓展

除了前面介绍的方法外，还有其他几种获纯培养的方式。

1. 单细胞（单孢子）分离法

采用显微分离法从混杂群体中直接分离单个细胞或单个个体进行培养以获得纯培养的方法。该方法要在显微镜下进行。

（1）毛细管法　用毛细管提取微生物个体，适合于较大微生物。

（2）显微操作仪　用显微针、钩、环等挑取单个细胞或孢子以获得纯培养。

（3）小液滴法　将经过适当稀释后的样品制成小液滴，在显微镜下选取只含一个细胞的液滴来进行纯培养物的分离。

2. 选择性培养分离法

没有一种培养基或一种培养条件能够满足自然界中一切生物生长的要求，在一定程度上所有的培养基都是选择性的。如果某种微生物的生长需要是已知的，也可以设计一套特定环境使之特别适合这种微生物的生长，因而能够从自然界混杂的微生物群体中把这种微生物选择培养出来，即使在混杂的微生物群体中这种微生物可能只占少数。这种通过选择培养进行微生物纯培养分离的技术称为选择培养分离法。

在食品微生物检测中，可用选择性培养基进行直接分离。如利用金黄色葡萄球菌在血平板上产生溶血素、形成透明的溶血环的特性对其进行分离。同时，金黄色葡萄球菌可产生卵磷脂酶，分解卵磷脂，产生甘油酯和可溶性磷酸胆碱，所以可用 Baird – Parker（含卵黄和亚碲酸钾）平板进行分离，菌落为黑色，周围有一浑浊带，在其外层有一透明圈（见图 8 – 14）。

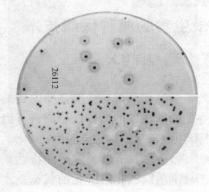

图 8 – 14　金黄色葡萄球菌在血平板和 Baird – Parker 平板上的菌落特征

选择培养分离法的另一种方法是富集培养，主要是指利用不同微生物间生命活动特点的不同，制定特定的环境条件，使仅适应于该条件的微生物旺盛生长，从而使其在群落中的数量大大增加，人们能够更容易地从自然界中分离到所需的特定微生物。例如，为了分离食品中的沙门氏菌，对某些加工食品，必须经过前增菌处理，用无选择性的培养基（缓冲蛋白胨水）使处于濒死状态的沙门氏菌恢复活力，再进行选择性增菌，使沙门氏菌得以增殖而大多数其他细菌受到抑制。

通过富集培养使原本在自然环境中占少数的微生物的数量大大提高后，可以再通过稀释倒平板或平板划线等操作得到纯培养物。

> **课后思考**
>
> 1. 何谓纯培养、无菌操作？
> 2. 进行细菌分离培养有何意义？
> 3. 划线分离培养和稀释分离培养各适合在什么情况下使用？
> 4. 在整个操作过程中怎样才能做到无菌操作？
> 5. 实验室中常用的接种工具有哪些及其适用范围？
> 6. 接种前后为什么要灼烧接种环？
> 7. 为什么要待接种环冷却后才能与菌种接触？是否可以将接种环放在操作台上冷却？如何知道接种环是否已经冷却？
> 8. 若你接种的培养物出现染菌情况，如何分析引起染菌的原因？
> 9. 为什么平板培养时要倒置？

项目9 ▶

微生物的菌种保藏技术

项目导入

　　微生物菌种是一类重要的自然资源，选得一株合乎人们要求的菌株是非常不容易的。优良的菌株被分离选育出来后，就必须采用适当的保藏方法尽可能地保持其原来的性状，防止菌种退化，以便随时为科研和生产提供菌种服务。

　　微生物具有容易变异的特性，因此，在保藏过程中，必须使微生物的代谢处于最不活跃或相对静止的状态，才能在一定的时间内使其不发生变异而又保持生活能力。

　　低温、干燥和隔绝空气是使微生物代谢能力降低的重要因素，所以，菌种保藏方法虽多，但都是根据这三个因素而设计的。

　　保藏方法大致可分为传代培养保藏法、液体石蜡覆盖保藏法、载体保藏法、冷冻保藏法等。有些方法如滤纸保藏法、液氮保藏法和冷冻干燥保藏法等均需使用保护剂来制备细胞悬液，以防止冷冻或水分不断升华对细胞的损害。保护性溶质可通过氢和离子键对水和细胞所产生的亲和力来稳定细胞成分的构型。保护剂有牛乳、血清、糖类、甘油、二甲亚砜等。

材料与仪器

　　1. 菌种
　　细菌、酵母菌、放线菌和霉菌。

2. 试剂

肉膏蛋白胨斜面培养基、灭菌脱脂牛乳、灭菌水、化学纯的液体石蜡、甘油、五氧化二磷、河沙、瘦黄土或红土、冰块、食盐、干冰、95% 酒精、10% 盐酸、无水氯化钙。

3. 仪器

灭菌吸管、灭菌滴管、灭菌培养皿、管形安瓿管、泪滴形安瓿管（长颈球形底）、40 目与 100 目筛子、油纸、滤纸条（0.5cm×1.2cm）、干燥器、真空泵、真空压力表、喷灯、冰箱、低温冰箱（−30℃）、液氮冷冻保藏器。

实践操作

一、斜面低温保藏法

将菌种接种在适宜的固体斜面培养基上，待菌充分生长后，棉塞部分用油纸包扎好，移至 2~8℃ 的冰箱中保藏。

保藏时间依微生物的种类而有不同，霉菌、放线菌及有芽孢的细菌保存 2~4 个月，移种一次。酵母菌两个月，细菌最好每月移种一次。

此法为实验室和工厂菌种室常用的保藏法，优点是操作简单，使用方便，不需特殊设备，能随时检查所保藏的菌株是否死亡、变异与污染杂菌等。缺点是容易变异，因为培养基的物理、化学特性不是严格恒定的，屡次传代会使微生物的代谢改变，而影响微生物的性状；污染杂菌的机会亦较多。

二、液体石蜡保藏法

（1）将液体石蜡分装于三角烧瓶内，塞上棉塞，并用牛皮纸包扎，105kPa、121.3℃ 灭菌 30min，然后放在 40℃ 温箱中，使水汽蒸发掉，备用。

（2）将需要保藏的菌种，在最适宜的斜面培养基中培养，使得到健壮的菌体或孢子。

（3）用灭菌吸管吸取灭菌的液体石蜡，注入已长好菌的斜面上，其用量以高出斜面顶端 1cm 为准，使菌种与空气隔绝（见图 9-1）。

（4）将试管直立，置低温或室温下保存（有的微生物在室温下比冰箱中保存的时间还要长）。此法实用而效果好。霉菌、放线菌、芽孢细菌可保藏 2 年以上不死，酵母菌可保藏 1~2 年，一般无芽孢细菌也可保藏 1 年左右，甚至用一般方法很难保藏的脑膜炎球菌，在 37℃ 温箱内，亦可保藏 3 个月之久。此法的优点是制作简单，不需特殊设备，且不需经常移种。缺点是保存时必须直立放置，所占位置较大，同时也不便携带。从液体石蜡下面取培养物移种后，

— 灭菌的液体石蜡

图 9-1　液体石蜡
覆盖保藏

接种环在火焰上烧灼时，培养物容易与残留的液体石蜡一起飞溅，应特别注意。

三、滤纸保藏法

（1）将滤纸剪成0.5cm×1.2cm的小条，装入0.6cm×8cm的安瓿管中，每管1~2张，塞以棉塞，105kPa、121.3℃灭菌30min。

（2）将需要保存的菌种，在适宜的斜面培养基上培养，使充分生长。

（3）取灭菌脱脂牛乳1~2mL滴加在灭菌培养皿或试管内，取数环菌苔在牛乳内混匀，制成浓悬液。

（4）用灭菌镊子自安瓿管取滤纸条浸入菌悬液内，使其吸饱，再放回至安瓿管中，塞上棉塞。

（5）将安瓿管放入内有五氧化二磷作吸水剂的干燥器中，用真空泵抽气至干。

（6）将棉花塞入管内，用火焰熔封，保存于低温下。

（7）需要使用菌种复活培养时，可将安瓿管口在火焰上烧热，滴一滴冷水在烧热的部位使玻璃破裂，再用镊子敲掉口端的玻璃，待安瓿管开启后，取出滤纸，放入液体培养基内，置温箱中培养。

细菌、酵母菌、丝状真菌均可用此法保藏，前两者可保藏2年左右，有些丝状真菌甚至可保藏十几年之久。此法较液氮、冷冻干燥法简便，不需要特殊设备。

四、沙土管保藏法

（1）取河沙加入10%稀盐酸，加热煮沸30min，以去除其中的有机质。

（2）倒去酸水，用自来水冲洗至中性。

（3）烘干，用40目筛子过筛，以去掉粗颗粒，备用。

（4）另取非耕作层的不含腐殖质的瘦黄土或红土，加自来水浸泡洗涤数次，直至中性。

（5）烘干，碾碎，通过100目筛子过筛，以去除粗颗粒。

（6）按一份黄土、三份沙的比例（或根据需要而用其他比例，甚至可全部用沙或全部用土）掺和均匀，装入10mm×100mm的小试管或安瓿管中，每管装1g左右，塞上棉塞，进行灭菌，烘干。

（7）抽样进行无菌检查，每10支沙土管抽一支，将沙土倒入肉汤培养基中，37℃培养48h，若仍有杂菌，则需全部重新灭菌，再做无菌试验，直至证明无菌，方可备用。

（8）选择培养成熟的（一般指孢子层生长丰满的，营养细胞用此法效果不好）优良菌种，以无菌水洗下，制成孢子悬液。

（9）于每支沙土管中加入约 0.5mL（一般以刚刚使沙土润湿为宜）孢子悬液，以接种针拌匀。

（10）放入真空干燥器内，用真空泵抽干水分，抽干时间越短越好，务必在12h 内抽干。

（11）每 10 支抽取一支，用接种环取出少数沙粒，接种于斜面培养基上，进行培养，观察生长情况和有无杂菌生长，如出现杂菌或菌落数很少或根本不长，则说明制作的沙土管有问题，尚需进一步抽样检查。

（12）若经检查没有问题，用火焰熔封管口，放冰箱或室内干燥处保存。每半年检查一次活力和杂菌情况。

（13）需要使用菌种，复活培养时，取沙土少许移入液体培养基内，置温箱中培养。

此法多用于能产生孢子的微生物如霉菌、放线菌，因此在抗生素工业生产中应用最广，效果亦好，可保存 2 年左右，但应用于营养细胞效果不佳。

问题探究

一、常见的菌种退化现象

（1）菌落和细胞形态改变　各种微生物在一定的培养条件下，都有一定形态特征。如果典型的形态特征逐渐减少，就表现为退化，如菌落颜色改变、畸形细胞出现等。有的表现为生长缓慢，孢子产生减少，如某些放线菌或霉菌在斜面上多次传代后，产生"光秃"现象，出现生长不齐或不产生孢子的退化，从而造成生产上用孢子接种的困难。

（2）生产性能的下降　生产性能的下降，对生产来说是十分不利的，如发酵菌株的发酵能力下降，代谢产物减少等，都是菌种退化的表现。

（3）对生长环境的适应能力减弱　如抗噬菌体菌株变为敏感菌株，利用某种物质的能力降低等。

二、菌种退化的原因

菌种退化的原因是多方面的。自发突变是其中一个原因，是一种自然现象，任何菌种都会发生。虽然自发突变的几率很低，但随着移植次数的增加，退化细胞的数目会不断增加，逐渐地由劣势变为优势。如果控制产量的基因发生负突变，则表现为产量下降；如果控制孢子生成的基因发生负突变，则使菌种产孢子的性能下降。也有一些菌种未经很好地分离纯化，出现不纯的菌落，再经过几次传代后，很容易导致核分离，使某些性状发生变化。

总的来讲，菌种的退化是发生在细胞群体中的一个由量变到质变的逐步演变过程。最初，群体中只有个别细胞发生负突变，这时如不采取措施，而一味地移植传代，则群体中负突变个体的比例会逐渐增大，从而使整个群体表现出退化。

三、防止退化的措施

减少不必要的传代次数，可以降低自发突变的几率，减少菌种退化的机会。同时创造良好的培养条件，尽量利用单核的孢子接种可以防止退化或推迟退化的时间。在菌种保藏时，应采用有效的菌种保藏方法，以防止菌种退化。

知识拓展

一、几种保藏方法的比较

几种保藏方法的比较见表9-1。

表9-1　　　　　　　　　　常用菌种保藏方法的比较

方法名称	主要措施	适宜菌种	保藏期
冰箱保藏法（斜面）	低温	各大类	3~6月
冰箱保藏法（半固体）	低温	细菌、酵母菌	6~12月
石蜡油封藏法	低温、缺氧	各大类	1~2年
沙土保藏法	干燥、无营养	产孢子、芽孢微生物	1~10年
真空冷冻干燥保藏法	干燥、无氧、低温、有保护剂	各大类	5~15年以上

二、国内外常见菌种保藏机构

菌种保藏机构的任务：广泛收集科研和生产菌种、菌株，并加以妥善保管，使之达到不死、不衰、不乱以及便于研究、交换和使用的目的。

常见菌种保藏机构：

中国微生物菌种保藏委员会（CCCCM）；

美国的典型菌种保藏中心（ATCC）；

英国国家典型菌种保藏所（NCTC）；

法国里昂巴斯德研究所（IPL）。

实训项目拓展

一、液氮冷冻保藏法

（1）准备安瓿管 用于液氮保藏的安瓿管，要求能耐受温度突然变化而不致破裂，因此，需要采用硼硅酸盐玻璃制造的安瓿管，安瓿管的大小通常使用75mm×10mm 的，或能容1.2mm 液体的。

（2）加保护剂与灭菌 保存细菌、酵母菌或霉菌孢子等容易分散的细胞时，则将空安瓿管塞上棉塞，105kPa、121.3℃灭菌15min：若做保存霉菌菌丝体用则需在安瓿管内预先加入保护剂如10%的甘油蒸馏水溶液或10%二甲亚砜蒸馏水溶液，加入量以能浸没以后加入的菌落圆块为限，而后再用105kPa、121.3℃灭菌15min。

（3）接入菌种 将菌种用10%的甘油蒸馏水溶液制成菌悬液，装入已灭菌的安瓿管；霉菌菌丝体则可用灭菌打孔器，从平板内切取菌落圆块，放入含有保护剂的安瓿管内，然后用火焰熔封。浸入水中检查有无漏洞。

（4）冻结 将已封口的安瓿管以每分钟下降1℃的慢速冻结至－30℃。若细胞急剧冷冻，则在细胞内会形成冰的结晶，因而降低存活率。

（5）保藏 经冻结至－30℃的安瓿管立即放入液氮冷冻保藏器的小圆筒内，然后再将小圆筒放入液氮保藏器内。液氮保藏器内的气相为－150℃，液态氮内为－196℃。

（6）恢复培养 保藏的菌种需要用时，将安瓿管取出，立即放入38～40℃的水浴中进行急剧解冻，直到全部熔化为止。再打开安瓿管，将内容物移入适宜的培养基上培养。

此法除适宜于一般微生物的保藏外，对一些用冷冻干燥法都难以保存的微生物如支原体、衣原体、氢细菌、难以形成孢子的霉菌、噬菌体及动物细胞均可长期保藏，而且性状不变异。缺点是需要特殊设备。

二、冷冻干燥保藏法

（1）准备安瓿管 用于冷冻干燥菌种保藏的安瓿管宜采用中性玻璃制造，形状可用长颈球形底的，亦称泪滴型安瓿管，大小要求外径6～7.5mm，长105mm，球部直径9～11mm，壁厚0.6～1.2mm。也可用没有球部的管状安瓿管。塞好棉塞，105kPa、121.3℃灭菌30min，备用。

（2）准备菌种 用冷冻干燥法保藏的菌种，其保藏期可达数年至十余年，为了在许多年后不出差错，故所用菌种要特别注意其纯度，即不能有杂菌污染，然后在最适培养基中用最适温度培养，使培养出良好的培养物。细菌和酵母的菌龄要求超过对数生长期，若用对数生长期的菌种进行保藏，其存活率反而降低。

一般，细菌要求 24～48h 的培养物；酵母需培养 3d；形成孢子的微生物则宜保存孢子；放线菌与丝状真菌则培养 7～10d。

（3）制备菌悬液与分装　以细菌斜面为例，用脱脂牛乳 2mL 左右加入斜面试管中，制成浓菌液，每支安瓿管分装 0.2mL。

（4）冷冻燥器　有成套的装置出售，价值昂贵，此处介绍的是简易方法与装置，可达到同样的目的。将分装好的安瓿管放低温冰箱中冷冻，无低温冰箱可用冷冻剂如干冰（固体 CO_2）酒精液或干冰丙酮液，温度可达 -70℃。将安瓿管插入冷冻剂，只需冷冻 4～5min，即可使悬液结冰。

（5）真空干燥　为在真空干燥时使样品保持冻结状态，需准备冷冻槽，槽内放碎冰块与食盐，混合均匀，可冷至 -15℃。安瓿管放入冷冻槽中的干燥瓶内。抽气一般若在 30min 内能达到 93.3Pa 真空度时，则干燥物不致熔化，以后再继续抽气，几小时内，肉眼可观察到被干燥物已趋干燥，一般抽到真空度26.7Pa，保持压力 6～8h 即可。

（6）封口　抽真空干燥后，取出安瓿管，接在封口用的玻璃管上，可用 L 形五通管继续抽气，约 10min 即可达到 26.7Pa。于真空状态下，以煤气喷灯的细火焰在安瓿管颈中央进行封口。封口以后，保存于冰箱或室温暗处。

此法为菌种保藏方法中最有效的方法之一，对一般生活力强的微生物及其孢子以及无芽孢菌都适用，即使对一些很难保存的致病菌，如脑膜炎球菌与淋病球菌等亦能保存。适用于菌种长期保存，一般可保存数年至十余年，但设备和操作都比较复杂。

▶ **课后思考**

1. 实验室中常用的菌种保藏方法及其适用范围。
2. 如何防止保藏中菌种的退化？

第二课堂活动设计

设计方案，从食品或其他环境中分离纯化淀粉酶产生菌，并进行菌种保藏。

知识归纳整理

技能模块　　　　　知识模块

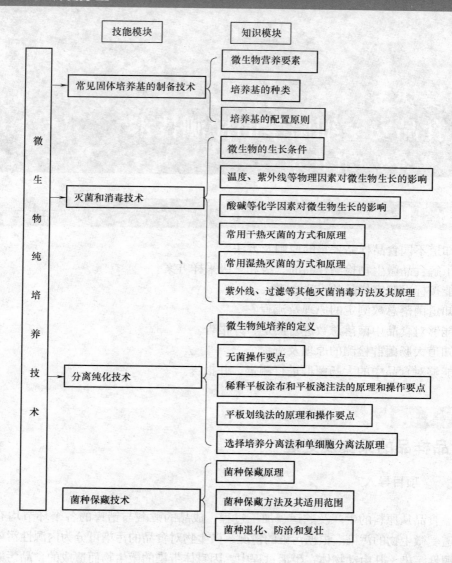

微生物纯培养技术

- 常见固体培养基的制备技术
  - 微生物营养要素
  - 培养基的种类
  - 培养基的配置原则

- 灭菌和消毒技术
  - 微生物的生长条件
  - 温度、紫外线等物理因素对微生物生长的影响
  - 酸碱等化学因素对微生物生长的影响
  - 常用干热灭菌的方式和原理
  - 常用湿热灭菌的方式和原理
  - 紫外线、过滤等其他灭菌消毒方法及其原理

- 分离纯化技术
  - 微生物纯培养的定义
  - 无菌操作要点
  - 稀释平板涂布和平板浇注法的原理和操作要点
  - 平板划线法的原理和操作要点
  - 选择培养分离法和单细胞分离法原理

- 菌种保藏技术
  - 菌种保藏原理
  - 菌种保藏方法及其适用范围
  - 菌种退化、防治和复壮

模块三
食品安全细菌学的检测技术
[综合型工作任务]

教学目标

- 知道不同食品样品采集的原则及方法。
- 了解食品微生物检测样品的二级和三级采样方案。
- 能按标准制定样品的采样方案。
- 知道菌落总数测定的原理及流程。
- 能够对食品中菌落总数进行测定，并报告。
- 知道大肠菌群检测的原理及流程。
- 能够对食品中的大肠菌群进行测定，并报告。

项目 10

食品样品的采集及处理

项目导入

　　食品从原料的生产及贮运、加工过程、成品的贮藏与销售的各个环节均有可能遭受微生物的污染。根据污染的情况，微生物对食品的污染可分为内源性污染和外源性污染。凡由动物体在生活过程中，因身体带染的微生物而造成的食品污染称为内源性污染；外源性污染则是因不遵守操作规程、不讲究卫生等人为因素作用而导致的微生物对食品的污染。微生物污染食品，常见的主要有以下几个方面。

　　（1）环境污染　同食品接触的空气中的微生物及黏附有微生物的尘埃均可沉降于食品，从而导致食品的微生物污染；食品加工操作人员带有微生物的痰沫、唾液、鼻涕的小水滴通过讲话、咳嗽、打喷嚏，可直接或间接地污染食品。

　　（2）原料和水污染　食品加工用原料上存在的微生物，可以直接污染食品；通过水污染是微生物污染食品的主要途径，食品加工过程中的洗涤、烫漂、煮制、注液等工艺处理，若使用不符合国家标准的水，特别是使用不清洁的水，将会引起食品的微生物污染。

（3）人和动物污染　生产过程中接触食品的从业人员，是微生物污染食品的媒介，他们的手、工作衣（帽）若不定期清洗消毒，保持清洁，就会有大量的微生物附着而污染食品。鼠、蝇、蟑螂等动物，因其体表及消化道内带有大量的微生物，它们若直接接触食品或加工器具，就会导致食品的微生物污染。

（4）器具污染　食品加工设备、包装容器与材料，若未经过消毒就接触食品，这些器具上的微生物就会污染食品。

（5）保藏与运输污染　食品在保藏过程中，因环境被微生物污染而导致食品的再次污染是经常发生的，如阴冷潮湿仓库会导致食品的霉菌污染。食品在运输过程中，由于运输工具不卫生，也会导致食品的微生物污染。

所以食品的微生物污染控制是从食品生产制造到食用的各个环节，采取各种有效措施，防止微生物污染食品，使食品处于食用安全状态。而加强食品的微生物检验，搞好食品的卫生监督与检查，对保证消费者吃到安全放心的食品具有重要意义。反映食品卫生质量的微生物指标主要有细菌总数、大肠菌群、致病菌等。

而食品样品的采集是食品微生物检验的第一步，也是至关重要的。食品的微生物检验是根据小部分样品的抽检结果对整批食品的卫生质量进行评价。在食品的微生物检验中，样品采集是至关重要的，必须符合无菌操作要求，防止一切外来污染；采集的样品必须具有代表性。

材料与仪器

药匙、尖嘴钳、量筒、烧杯、吸管、镊子、剪刀、三角瓶等。
灭菌手套、无菌棉拭子、灭菌包装袋等。

实践操作

一、固体样品的采集

（1）采样用具、容器灭菌准备　玻璃吸管、长柄勺、长柄匙，要单个用纸包好或用布袋包好，经高压灭菌。盛装样本的容器要预先贴好标签，编号后单个用纸包好，经高压灭菌消毒，密闭、干燥。镊子、剪子、小刀等用具，用前在酒精灯上用火焰消毒。消毒好的用具要妥善保管，防止污染。

（2）直接连包装取1袋（不少于250g），送检。

（3）操作人员先用75%酒精棉球消毒手，再用75%酒精棉球将面包包装开口处周围抹擦消毒，然后打开。

（4）用无菌镊子从面包不同部位削取样品将其装入样本容器，称取25g加入 225mL 无菌水中，用均质器均质或从中取 25g 置于装有 225mL 带有玻璃珠的无菌水中，充分振荡混匀。

二、液体样品的采集

散装或大型包装乳品，混匀后，用无菌吸管移取；小型包装乳品取整件包装，即 1 瓶等。

（1）采样用具、容器灭菌准备。

（2）直接连包装取 1 瓶或 1 袋，送检。

（3）操作人员先用 75% 酒精棉球消毒手，再用 75% 酒精棉球将牛乳包装开口处周围抹擦消毒，然后打开。

（4）将牛乳充分混合，用无菌注射器量取 25mL 加入 225mL 带有玻璃珠的无菌水中，充分振荡混匀。

三、注意事项

（1）玻璃吸管、长柄勺、长柄匙，要单个用纸包好或用布袋包好，经高压灭菌。

（2）盛装样本的容器要预先贴好标签，编号后单个用纸包好，经高压灭菌消毒，密闭、干燥。

（3）采样用棉拭子、生理盐水、滤纸等，均要分别用纸包好，经高压灭菌消毒备用。

（4）镊子、剪子、小刀等用具，用前在酒精灯上用火焰消毒。

（5）消毒好的用具要妥善保管，防止污染。

问题探究

一、样品采集方案举例

微生物检验的特点是以小份样品的检测结果来说明一大批食品卫生质量，因此，用于分析的样品的代表性至关重要，也就是说样品的数量、大小和性质对结果判定产生重大影响。要保证样品的代表性首先要有一套科学的抽样方案，其次是使用正确的抽样技术，并在样品的保存和运输过程中保持样品的原有状态。

样本的选择可以分为随机选择和有针对性选择两种。在现场抽样时，可利用随机抽样表进行随机抽样。随机抽样表一般利用计算机随机编制而成。而有针对性选择是根据已掌握的情况，如怀疑某种食物可能是食物中毒的原因食品，或感官上已初步判定该食品存在安全问题，而有针对性地选择采集样品。

一般说来，进出口贸易合同对食品抽样量有明确规定的，按合同规定抽样；没有具体抽样规定的，可根据检验的目的、产品及被抽样品批次的性质和分析方法的性质确定抽样方案。目前最为流行的抽样方案为 ICMSF（国际食品微生物规格委员会）推荐的抽样方案和随机抽样方案，有时也可参照同一产品的品质检验抽样数量抽样，或按单位包装件数 N 的开平方值抽样。无论采取何种方法抽样，每批货物的抽样数量不得少于 5 件。对于需要检验沙门氏菌的食品，抽样数量应适当增加，最低不少于 8 件。

二、无菌取样技术

"无菌"意味着取样过程中，避免操作引起污染。一个无菌样品的采集，指在收集过程中，本身应避免污染，然后放入消毒容器中，在适宜的条件下送检。

无菌取样包括在取样前对于取样涉及的工具器皿进行灭菌。拥有正确的采取产品或加工过程的无菌取样器械工具是至关重要的，包括采样匙、采样铲、样品袋、量筒、烧杯等，工具的类型一般由取样产品来决定。盛样品的容器在最初进入加工区之前应当被预先标识，包括样品号、取样日期、取样人等。人员的工具设施，像工作服、发网或消毒处理过的清洁的鞋靴必须具备有助于证明采集者没有污染到样品。

三、样品的采集与制备方法

1. 样品的采集

食品的微生物检验是根据小部分样品的抽检结果对整批食品的卫生质量进行评价。在食品的微生物检验中，样品采集是至关重要的，必须符合无菌操作要求，防止一切外来污染，要有足够数量的采样器材，一件器材只能用于一个样品，以避免交叉污染；采集的样品必须具有代表性。

采集的样品必须贴上标签，注明品名、来源、采样地点、采样人及采样日期等，并记录好采样现场的气温、湿度及卫生状况等（见表 10 – 1）。

表 10 – 1　　　　　　　　　　　　采样信息登记

样品登记号		样品名称	
采样地点		采样数量	
采样时间		被采样单位	
生产日期		批号	
采样现场简述			
有效成分及含量			
检验目的		检测项目	
采样人		单位	
日期		日期	

2. 样品的标记、保存和运送

抽样过程中应对所抽样品进行及时、准确地标记；抽样结束后，应有抽样人写出完整的抽样报告，使样品尽可能保持在原有条件下迅速发送到实验室。

（1）样品的标记　所有盛样容器必须有和样品一致的标记。在标记上应记明产品标志与号码和样品顺序号以及其他需要说明的情况。标记应牢固，具防水性，字迹不会被擦掉或脱色。当样品需要托运或由非专职抽样人员运送时，必须封实样品容器。

（2）样品的保存和运送　抽样结束后应尽快将样品送往实验室检验。冷冻样品应存放在−15℃以下保存；冷却和易腐食品存放在0～4℃保存。做好样品运送记录，写明运送条件、日期、到达地点及其他需要说明的情况，并由运送人签字。

四、检样的处理和制备

1. 样品的熔化

冷冻的样品应在检验前解冻，一般可在0～4℃条件下解冻，时间不超过18h，也可在45℃以下解冻，时间不超过15min。要防止病原菌的死亡和因在生长温度下而使细菌数量增加。

2. 样品的制备与稀释

对于微生物分析检验，样品的均质比搅拌效果好。这是因为均质可以使细菌从食品颗粒上脱离下来，使细菌在液体中均匀分布。黏度不超过牛乳的非黏性食品，可直接用吸管吸取加到稀释剂中，但吸取前样品要充分混合。黏性液体食品，用吸管无法吸取，可用无菌容器称取一定量加到稀释剂中。干燥的食品，用无菌勺或其他工具将样品搅拌均匀后，称取一定量的检样加入到稀释剂中。能与水混合的检样，用手摇动或机器振荡（含脂肪较多或易形成团块的粉状食品可加入1%的吐温80作乳化剂）。不易混合的检样可用均质器加入稀释液进行均质。均质器均质时间一般控制在1min以内，以免升温造成细菌损伤，均质器转速一般控制为8000r/min。手摇均质速度一般为7s内振摇25次，幅度为30cm。机器振荡时间一般为15s。检样的量至少需要10g，一般在25～50g，检样与稀释剂的比例一般为1:9。

知识拓展

由于食品种类非常多，每种食品取样时方法不尽一致，食品的种类繁多，包装形式多样，也决定了各种食品样品采集方法各异。但无论怎样都必须体现样品的代表性，并且防止外界环境对其的污染。

1. 食品样品采集原则

（1）每批食品应随机抽取一定数量的样品。在生产过程中，在不同时间内各取少量样品予以混合。固体或半固体的食品应从表层、中层和底层、中间和四周等不同部位取样。使所采样品具有代表性。

（2）采样必须符合无菌操作的要求，防止一切外来污染，样品采集后放入消毒的容器中。一件用具只能用于一个样品，防止交叉污染。

（3）在保存和运送过程中应保证样品中微生物的状态不发生变化。

一般要求样品在 3h 内送微生物检验室，若路途遥远可将非冷冻的样品存放在 0～5℃ 的环境中，若需保持冷冻状态，可存放在 0℃ 以下的隔热箱内。

（4）每件样品的标签须标记清楚，尽可能提供详尽的资料。采集的样品必须贴上标签，注明品名、来源、采样地点、采样人及采样日期等，并记录好采样现场的气温、湿度及卫生状况等。

（5）采样结束后，应由抽样人写出完整的采样报告，并使样品尽可能保持在原有条件下迅速送到实验室。

2. 样品采集方法

按照采集对象特点不同，常见的采样方法有：

（1）直接食用的小包装食品　尽可能取原包装，直到检验前不要开封，以防污染。

（2）大容器包装的液体样品　将样品充分混匀后，无菌操作开启包装，用无菌注射器抽取，放入无菌容器，装入灭菌盛样容器的量，不应超过其容量的 3/4，以便于检验前将样品摇匀。

（3）半固体样品　无菌操作开启包装，用灭菌勺子从几个部位挖取样品，放入无菌容器。

（4）大容器包装的固体样品的采集　整体食品应用无菌刀和镊子从不同部位取样，应兼顾表面与深度。样品是固体粉末，应边取样边混合。

（5）冷冻食品　小块冷冻食品按个体取样。大块冷冻食品可以用无菌刀从不同部位削取样品，放入无菌容器。在样品送达实验室前，要始终保持样品处于冷冻状态。

样品的采集方法应根据食品的种类来确定，袋装、瓶或罐装食品应取完整的未开封的作为样品；如果样品很大，就要用采样器采样。流水线上取样，应在该批食品的前、中、后分点取样。

实训项目拓展

生产环境更多地采用金属制规格板表面擦拭采样或者是表面滤纸贴附法。表面擦拭法是用棉拭子（也可用涤纶、人造丝）在食品表面擦拭一定面积，然后将拭子头放进增菌培养基中；滤纸贴附法是采用裁取一定面积的滤纸，无菌水润湿后，贴附于检测物体表面，后将滤纸取下放入无菌生理盐水中进行检测。对设备、器材、操作者采样还可用冲洗法和琼脂平板表面接触法。

1. 车间工作桌面、器具及加工人员手表面的检测

（1）表面滤纸贴附法　滤纸剪成 2cm×2.5cm 小片（每张 5cm²），经过 160～170℃ 干热灭菌 1～2h，先用灭菌生理盐水湿润滤纸，贴在检测表面 1min，然后依次取下，放入盛有 50mL 灭菌生理盐水的大试管或三角瓶中，每份样品贴 50cm²。

（2）表面擦拭法　用板孔 5cm² 的无菌采样板及 10 支无菌棉签擦拭 50cm² 面积。若所采表面干燥，则用无菌稀释液润湿后擦拭，每支棉签在擦拭后立即将棉签头用无菌剪刀剪入盛样的容器内。

2. 生产车间用水检测

采样前酒精棉对水龙头擦拭消毒，酒精灯灼烧灭菌，舍弃前部分水，后接入灭菌带塞三角瓶中，不超过规格 3/4。

3. 车间空气检测

将 5 个直径 90mm 的普通琼脂平板分别置于车间的四角和中部，打开皿盖 5min，然后盖盖送检。

小知识

ICMSF 推荐的抽样方案解读

在某些情况下用于分析的样品可能代表所抽"一批"样品的真实情况，这适合于可充分混合的液体，如牛奶和水。在"多批"食品的情况下就不能如此抽样，因为每批食品在微生物的质量上差异很大。因此在选择抽样方案之前，必须考虑诸多因素包括检验目的、产品及被抽样品的性质和分析方法等。

ICMSF 提出的采样基本原则，是根据各种微生物本身对人的危害程度各有不同，及食品经不同条件处理后，其危害度变化情况（降低危害度、危害度未变、增加危害度）来设定抽样方案并规定其不同采样数。目前，加拿大、以色列等很多国家已采用此法作为国家标准。在进行详细叙述之前，先解释四个代号：

n：系指一批产品采样个数。

c：系指该批产品的检样中，微生物检测超过限量的检样数，即结果超过合格菌数限量的最大允许数。

m：系指合格菌数限量，将可接受与不可接受的数量区别开。

M：系指附加条件，判定为合格的菌数限量，表示边缘的可接受数与边缘的不可接受数之间的界限。

有些实验室在每批产品中，仅采一个检样进行检验，该批产品是否合

格，全凭这个检样来决定。但 ICMSF 方法与此不同，它是从统计学原理来考虑，对一批产品，检查多少检样才能够有代表性，才能客观地反映出该产品的质量而设定的。ICMSF 方法中包括二级法及三级法两种。二级法只设有 n、c 及 m 值，三级法则有 n、c、m 及 M 值。M 即附加条件后判定合格的菌数限量。

二级抽样方案：自然界中材料的分布曲线一般是正态分布，以其一点作为食品微生物的限量值，只设合格判定标准 m 值。检查检样是否有超过 m 值的，来判定该批是否合格。以生食海产品鱼为例 $n=5$，$c=0$，$m=10^2$，$n=5$ 即抽样 5 个，$c=0$ 即意味着在该批检样中，未见到有超过 m 值的检样，则此批货物为合格品。

三级抽样方案：设有微生物标准 m 及 M 值两个限量间。如同二级法，超过 m 值的检样，即算为不合格品。其中以 m 值到 M 值的范围内的检样数，作为 c 值，如果在此范围内，即为附加条件合格，超过 M 值者，则为不合格。例如：冷冻生虾的细菌数标准 $n=5$，$c=3$，$m=10^1$，$M=10^2$，其意义是从一批产品中，取 5 个检样，经检样结果，允许 ≤3 个检样的菌数是在 m 值–M 值之间，如果有 3 个以上检样的菌数是在 m 值–M 值之间或一个检样菌数超过 M 值者，则判定该批产品为不合格品。

为了强调抽样与检样之间的关系，ICMSF 已经阐述了把严格的抽样计划与食品危害程度相联系的概念。在中等或严重危害的情况下使用二级抽样方案，对健康危害低的则建议使用三级抽样方案。ICMSF 是将微生物的危害度、食品的特性及处理条件三者综合在一起进行食品中微生物危害度分类的。这个设想是很科学的，符合实际情况的，对生产厂及消费者来说都是比较合理的。

▶ 课后思考

1. 简述样品采集送检的注意点。
2. 为什么采集样品需均质处理？
3. 什么是无菌取样？
4. 简述用金属制规板采样的方法步骤。
5. 食品检验样品采集的基本原则是什么？
6. 按照采集对象特点不同，常见的抽样方法有哪些？
7. 抽样样品如何保存和运送？
8. 环境中的微生物如何采样？
9. 为保证被检样品中微生物数量和生命活力从采样到检验不发生变化，应采取哪些措施？

项目 11 ▶

食品中菌落总数的测定（GB 4789.2—2010）

项目导入

　　菌落总数是反映食品的新鲜程度、食品是否变质和食品生产的卫生状况等的重要指标。食品中微生物多少，常以 1mL（g）检样中含菌落形成单位（CFU）来表示。

　　菌落总数的检测方法较多，有国家标准和专业标准，还有国际组织和一些发达国家制定的标准，这些标准中的方法和条件不尽相同，也没有一种方法能准确地测定出食品中的实际菌数。我国颁布的国家标准是采用平板菌落计数法测定食品中细菌总数。平板菌落计数法是基于一个活的细菌细胞通过生长繁殖可以形成一个肉眼可见的细胞群体即菌落的原理，将样品经过适当的稀释，利用某种培养基，在一定的温度条件下，培养一定的时间，平板上长出的菌落数即可换算出一定重量或体积样品中含有活细菌的总数。现在颁布了 GB 4789.2—2010《食品安全国家标准　食品微生物学检验　菌落总数测定》。

　　生产实践中在利用菌落总数评定食品的卫生质量时，还必须结合大肠菌群和致病菌的检验结果综合分析，才能得出比较正确的判断。

材料与仪器

　　1. 培养基与试剂
　　平板计数琼脂培养基、无菌生理盐水等。
　　2. 仪器与用具
　　水浴锅、均质器、吸管、三角瓶、无菌水、灭菌培养皿和试管等。

实践操作

　　微生物的平板菌落计数法是将待测样品制成均匀的、一系列不同稀释倍数的稀释液，并尽量使样品中的微生物细胞分散开来，使之呈单个细胞存在，在一定条件下培养后，所得 1mL（g）或 $1cm^2$ 面积检样中所含菌落的总数。在严格规定条件下（样品处理、培养基及其 pH 培养温度与时间、计数方法等），使适应这些条件的每一个活菌细胞必须而且只能生成一个肉眼可见的菌落，经过计数所获得的结果称为该食品的菌落总数。

　　此法所计算的菌数是培养基上长出来的菌落数，因此不包括死菌，故又称为活菌计数。一般用于某些成品检测、生物制品检测以及食品、水源的污染程度的检测。

一、步骤

菌落总数检验程序见图11-1。

（1）样品处理　根据样品种类的不同采用不同的取样方法，采集足够数量具有代表性的样品，均质。以无菌操作，将检样25mL放于含有225mL灭菌生理盐水或其他稀释液的灭菌玻璃瓶内（瓶内放置适当数量的玻璃珠）或灭菌乳钵内，经充分振摇或研磨，制备成1:10的均匀稀释液。固体检样在加入稀释液后，最好置灭菌均质器中以8000r/min的速度处理1min，制备成1:10的均匀稀释液。

（2）检样稀释　用1mL灭菌吸管，吸取1:10稀释液1mL，沿管壁徐徐注入含有9mL灭菌生理盐水或其他稀释液的试管内（注意吸管尖端不要触及管内稀释液），充分振摇试管，使之混合均匀，制备成1:100的稀释液。另取1mL灭菌吸管，按上项操作顺序，作10倍递增稀释液，如此每递增稀释一次，即换用1支1mL灭菌吸管（见图11-2）。

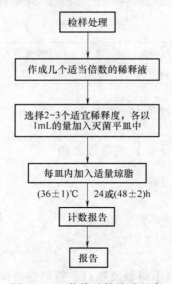

图11-1　菌落总数检验程序　　　　图11-2　取样稀释

（3）接种培养　根据对标本污染情况的估计，选择2~3个适宜稀释度，吸取该稀释度的吸管移1mL稀释液于灭菌平皿内，每个稀释度作两个平皿。稀释液移入平皿后，应即时将凉至45℃左右的平板计数琼脂培养基注入平皿约15mL，并转动平皿使其混合均匀。同时将平板计数琼脂培养基注入加有1mL稀释液的灭菌平皿内作空白对照。待琼脂凝固后，倒置平板，置（36±1）℃温箱内培养（48±2）h。

（4）菌落计数　平板取出，计算平板内菌落数目，乘以稀释倍数，即得每

1g（或1mL）样品所含菌落总数。菌落计数以平板内菌落形成单位（CFU）表示。

（5）结果报告　根据 GB 4789.2—2010 要求对菌落总数进行报告（见表11－1）。

表11－1　　　　　　　　稀释度选择及菌落数报告方式

例次	稀释液及菌落数			菌落总数	报告方式 /[CFU/g(mL)]
	10^{-1}	10^{-2}	10^{-3}		
1	多不可计	164	20	16400	16000 或 1.6×10^4
2	多不可计	多不可计	313	313000	310000 或 3.1×10^5
3	27	11	5	270	270 或 2.7×10^2
4	0	0	0	$<1 \times 10$	<10
5	多不可计	305	12	30500	31000 或 3.1×10^4
6	多不可计	238	34	24727	25000 或 2.5×10^4

若有两个连续稀释度的平板菌落数在适宜计数范围内时，例如表11－1第6例，则按照公式计算：

稀释度	1:100（第一稀释度）	1:1000（第二稀释度）
平板上的菌落数/CFU	232，244	33，35

$$N = \sum C / (n_1 + 0.1 n_2) d$$

式中　N——样品中菌落数

$\sum C$——平板（含适宜范围菌落数的平板）菌落数之和

n_1——第一适宜稀释度的平板数

n_2——第二适宜稀释度的平板数

d——第一稀释度的稀释因子

二、注意事项

（1）吸管进出瓶子或试管时，吸管口不得触及瓶口、管口的外围部分。

（2）进行稀释时，吸管口不得与稀释液接触；每换1个稀释度就需另取一支吸管。

（3）稀释倍数越高菌落数越少，稀释倍数越低菌落数越多。如出现逆反现象，不可作为检样计数报告的依据。

（4）菌液加入至培养皿后，尽快倒入培养基，立即摇匀，否则细菌将不易分散。

（5）倒培养基时注意温度，不能过高防止烫死菌体细胞，一般控制在45℃左右，可利用水浴锅对培养基进行保温。

问题探究

一、操作关键点

　　样品采集要保证具有代表性，对于牛乳等食品，可直接用吸管吸取加到稀释剂中，但吸取前样品要充分混合，同时注意吸管插入样品的深度不要超过2.5cm，防止吸取困难及吸管外壁的过多样进入稀释液。操作时要求严格无菌操作，梯度稀释时每一支吸管只能用于一个稀释度，样品混匀处理。本实验中多次稀释造成的误差是主要来源，其次还有由于样品内菌体分布不均匀以及不当操作也极易造成误差。

二、菌落总数测定的原理

　　平板菌落计数法测定的菌落总数只是检样中部分活菌数，测定结果比检样中实际存在的活菌数值要小，这主要是由于培养基的营养状况和培养条件不能满足某些细菌的要求，致使这些细菌不能正常的生长繁殖。首先，不同的细菌对营养物质的要求不同，而平板菌落计数法常选用的是一种培养基，其不可能满足检样中所有细菌的营养需求；其次，不同的细菌对环境条件的要求不同，在平板菌落计数法中常选择中温［一般（36±1）℃］培养，于是嗜热细菌和嗜冷细菌的生长繁殖就要受到影响。但由于平板菌落计数法操作简便，重复性好，可较早地报告结果，测得的结果是食品中包含消化道传染病病原菌和食物中毒病原菌在内的活菌数，能真实地反映食品的微生物污染程度，所以目前食品安全质量检验中常用此法。细菌总数测定示意图见图 11－3。

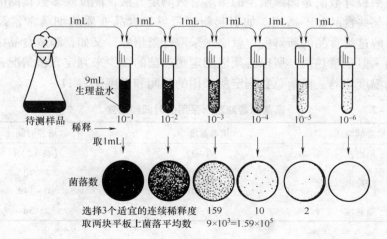

图 11－3　菌落总数测定示意图

三、菌落计数的报告

最后报告时要求选择恰当的平板与稀释度，以此尽可能减小误差：选取菌落数在 30~300 之间的平板作为菌落总数测定标准。一个稀释度使用两个平板应采用两个平均数，计数时，平板上的菌落应单独分散。若平板有较大片状菌苔生长时，则不宜采用，而应以无片状菌苔生长的平板作为该稀释度的菌落计数的平板，若片状菌落不到平板的一半，而其余一半中菌落分布又很均匀，即可计算半个平板的菌落数后，乘以 2 来代表全皿菌落数。

应选择平均菌落数在 30~300 之间的稀释度。乘以稀释倍数报告之。具体方法见表 11-1。

知识拓展

一、食品中测定菌落总数的意义

菌落总数是反映食品的新鲜程度、食品是否变质和食品生产的卫生状况等的重要指标。有关报道称，鱼体表面菌落总数达到 10^3 个/cm^2 时，在 0℃ 的条件下能保存 12d，当菌落总数达到 10^5 个/cm^2，在相同温度下，只能保存 6d。食品中污染细菌数量的多少，与致病菌污染的可能性也有一定的关系。一般来说，食品中菌落总数越多，被污染致病菌的可能性也就越大。

二、非常见细菌菌落总数的测定方法

标准平板计数法是国家制定的菌落总数测定方法，能反映多数食品的卫生质量，但对某些食品却不适用。如引起新鲜鱼贝类食品变质的细菌常常是低温细菌，为了解这类食品的新鲜度，就必须采取低温培养。又如，罐装食品中可能存在的细菌一般是嗜热菌，所以必须以测定嗜热菌的多少来判定含菌情况，即必须用较高的温度培养。菌落总数测定所采用的时间和温度见表 11-2。

表 11-2　　　　　　　　　　菌落总数测定所采用的时间和温度

培养的细菌	培养温度/℃	培养时间
嗜温菌	30~37	(48±2)h
嗜冷菌	20~25	5~7d
	5~10	10~14d
嗜热菌	45~55	2~3d

（1）嗜冷菌的测定　采样后尽快进行冷藏和检验。用无菌吸管吸取检样液 0.1mL 于表面干燥的 TS 琼脂或 CVT 琼脂平板上，然后涂布均匀，放置片刻。后放入培养箱 30℃ 培养 3d，观察并计数。

（2）平酸菌的测定　在5个无菌培养皿中各注入2mL煮沸冷却已处理过的样品，用葡萄糖－胰蛋白琼脂倾注平板，凝固后在50～55℃培养48～72h，计算平板上的菌落数。

平酸菌在平板上的菌落为圆形，直径2～5cm，具有不透明的中心及黄色晕。

课后思考

1. 平板菌落计数法测定细菌总数的原理是什么？该法测得的结果是样品中的实际菌数吗？为什么？
2. 为什么熔化后的培养基要冷却至45℃左右才能倒平板？
3. 要使平板菌落计数准确，要掌握哪几个关键？
4. 当平板上长出的菌落不是均匀分散生长的而是集中生长在一起，你觉得问题出在哪里？
5. 用倒平板法和涂布法计数，其平板上长出的菌落有何不同？为什么要培养长时间（48h）后观察结果？
6. 平板菌落计数的优缺点有哪些？

项目12

食品中大肠菌群计数（GB 4789.3—2010）

项目导入

大肠菌群是指一群能发酵乳糖，并产酸产气，需氧和兼性厌氧的革兰氏阴性无芽孢杆菌。它包括埃希氏菌属、肠杆菌属、柠檬酸杆菌属和克雷伯氏菌属。食品中大肠菌群数常以1mL（g）检样内大肠菌群最可能数（MPN）表示。

生产实践中为严格监控消化道传染病的病原菌和引起食物中毒的病原菌污染，常用某些指示菌来评定食品的安全质量，推测病原微生物污染的可能性。而作为评定食品安全质量的指示菌，应是人和动物肠道内特有的细菌，在肠道内占有极高的数量，尽管少量存在，也能够用简单方法快速准确地检查出来；指示菌对不良因素的抵抗力应与肠道致病菌相同。目前，食品安全质量的指示菌主要从肠道内粪便微生物中选择，曾考虑作为指示菌的主要有大肠菌群、粪链球菌和产气荚膜杆菌。这三种细菌在检验技术上都不困难，但在数量和抵抗力方面却有所不同。产气荚膜杆菌在数量上较少，由于能形成芽孢，因而在外界环境中生存时间较长；粪链球菌在粪便中数量中等，对冷冻环境有较强的抵抗力，有的科学工作者认为该菌对氯的耐受性较大肠菌群强。于是，广泛分布于人和温血动物肠道内的大肠菌群被我国选作食品的粪便污染指示菌。大肠菌群与多数肠道致病菌排出体外后，在水中存活期限基本一致，大肠菌群越多，表示食品被粪便污染的程度越大，遭受肠道中的致病病原菌的污染可能性也越大。

目前我国食品安全质量标准中，允许某些食品含有少量大肠菌群的细菌，例如：每100g酸乳中大肠菌群不得超过90个，每100g（或mL）酱油中大肠菌群不得超过30个。若食品中大肠菌群数量超过国家标准，意味着该食品食用不安全。

材料与仪器

1. 培养基与试剂

月桂基硫酸盐胰蛋白胨（LST）肉汤、煌绿乳糖胆盐（BGLB）肉汤、无菌生理盐水、无菌水。

2. 仪器与用具

水浴锅、均质器、吸管、三角瓶、灭菌培养皿、试管。

实践操作

大肠菌群检验程序见图12－1，具体步骤如下：

（1）以无菌操作，将检样25mL放于含有225mL灭菌生理盐水的三角瓶内（瓶内放置适量玻璃珠），经充分振摇或研磨，制备成1:10的均匀稀释液。

（2）用1mL灭菌吸管，吸取1:10稀释液1mL，沿管壁注入含有9mL灭菌生理盐水的试管中，充分振摇试管制备成1:100的稀释液。另取1mL灭菌吸管，按上项操作顺序，作10倍递增稀释液。

（3）选择三个适宜的连续稀释度，每个稀释度接种三管。接种量在1mL以上者，用双料月桂基硫酸盐胰蛋白胨肉汤培养基，1mL及1mL以下者，用LST肉汤培养基。

（4）每一稀释度接种3管后，置（36±1）℃恒温箱内培养（24±2）h，观察导管内是否有气泡产生，如未产气则继续培养至（48±2）h。如所有发酵管都不产气，则可报告大肠菌群阴性，如有产气者按下列步骤进行。

（5）用接种环从所有产气的LST肉汤管中分别取培养物一环，接种于BGLB肉汤管中，置（36±1）℃恒温箱内培养（48±2）h，观察导管内是否有气泡产生，产气者为大肠菌群阳性管。

（6）记下发酵管中产气的阳性试管数，查表（见表12－1）即可得出样品中大肠菌群中的MPN值。

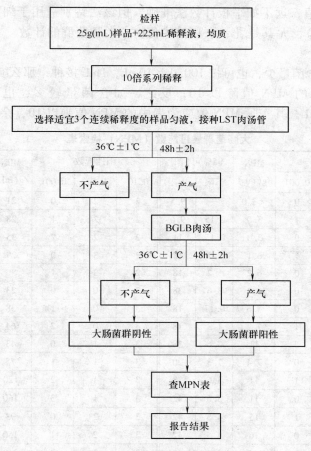

图 12 – 1　大肠菌群检验程序

问题探究

一、测定大肠菌群的原理及报告

1. 原理

食品中大肠菌群数常以每 1mL（g）检测样品内大肠菌群最可能数（MPN）来表示。MPN 法又称为多管发酵法，是基于泊松分布的一种间接计数方法。

MPN 是对样品中活菌浓度的一种估计数。MPN 技术是采用"逐级稀释至无菌"的方法进行的，其具体作法是将不同稀释度的样品悬液分别接种于装有液体培养基的试管中进行培养，根据培养特征或生化反应来判断有无微生物生长，然后按照阳性管的管数和稀释度来对原始样品中的被检菌作统计学估计。此法要求选取一定稀释度的样品悬液，稀释范围的选择以所有低稀释度的试管均有微生物生长，而所有高稀释度的试管中无生长时得到的结果最为可靠。MPN

法所测得的数值，远不如平板计数法准确，但该法特别适用于细菌浓度低的情况（<10 个/g），尤其是乳、水和某些食物中大肠菌群的计数。

2. 报告

如样品中含菌量少，也可按 100mL，10mL，1mL 接种，那么实际 MPN 值应为表 12 - 1 中的 MPN 值除以 10；反之，如含菌量较多，也可接种 1mL，0.1mL，0.01mL，其实际 MPN 值应为表中的 MPN 值乘以 10，余此类推。

表 12 -1　　　　　　　大肠菌群最可能数（MPN）检索表

阳性管数			MPN /g(mL)	95% 可信限		阳性管数			MPN /g(mL)	95% 可信限	
0.10	0.01	0.001		下限	上限	0.10	0.01	0.001		下限	上限
0	0	0	<3.0	—	9.5	2	2	0	21	4.5	42
0	0	1	3.0	0.15	9.6	2	2	1	28	8.7	94
0	1	0	3.0	0.15	11	2	2	2	35	8.7	94
0	1	1	6.1	1.2	18	2	3	0	29	8.7	94
0	2	0	6.2	1.2	18	2	3	1	36	8.7	94
0	3	0	9.4	3.6	38	3	0	0	23	4.6	94
1	0	0	3.6	0.17	18	3	0	1	38	8.7	110
1	0	1	7.2	1.3	18	3	0	2	64	17	180
1	0	2	11	3.6	38	3	1	0	43	9	180
1	1	0	7.4	1.3	20	3	1	1	75	17	200
1	1	1	11	3.6	38	3	1	2	120	37	420
1	2	0	11	3.6	42	3	1	3	160	40	420
1	2	1	15	4.5	42	3	2	0	93	18	420
1	3	0	16	4.5	42	3	2	1	150	37	420
2	0	0	9.2	1.4	38	3	2	2	210	40	430
2	0	1	14	3.6	42	3	2	3	290	90	1000
2	0	2	20	4.5	42	3	3	0	240	42	1000
2	1	0	15	3.7	42	3	3	1	460	90	2000
2	1	1	20	4.5	42	3	3	2	1100	180	4100
2	1	2	27	8.7	94	3	3	3	>1100	420	—

注：①本表采用 3 个稀释度 [0.1g（mL），0.01g（mL），0.001g（mL）]，每稀释度 3 管。
②表内所列，样量如改用 1g（mL），0.1g（mL），0.01g（mL）时，表内数字应相应降低 10 倍；如改用 0.01g（mL），0.001g（mL），0.0001g（mL）时，表内数字应相应增加 10 倍，其余类推。

二、大肠菌群阳性管的判断

通常根据发酵套管内的气泡有无来判断大肠菌群的阳性管。但在试验中经常看到，在发酵管内存在极微小的气泡（有时比米粒还小），类似这样的情况能否算产气阳性？一般来说，产气量与大肠菌菌检出率呈正相关，但随样品种类而有不同，有米粒大小气泡也有阳性检出。有时套管内虽无气体，但在液面及管壁可以看到小气泡。对于这种情况出现时，可以用手轻轻敲动或摇动试管，如有气泡沿管壁上浮，即应考虑有气体产生，做进一步试验观察。

三、MPN 检索表查询

根据每一个稀释度的 3 根发酵管中大肠菌群阳性管数，检索 MPN 表，报告每 1g（mL）样品中大肠菌群的 MPN 值。但当实验结果在 MPN 表中无法查到，如阳性管数为 122、123、232 等时，建议增加稀释度（可做 4~5 个稀释度），使样品的最高稀释度能达到获得阴性终点，然后再遵循相关的规则进行查找，最终确定 MPN 值。

知识拓展

在 2010 版的国家标准中，大肠菌群的测定采用了两步发酵法取代了以往国标中所规定的三步法。相比之下，测定方法更为简单准确性更高。

月桂基硫酸盐胰蛋白胨（LST）肉汤培养基是国际上通用的培养基，与以往检测所用乳糖胆盐肉汤的作用和意义相同，但具有更多的优越性。乳糖是大肠菌群可以利用发酵的糖类，有利于大肠菌群的生长繁殖并有助于鉴别大肠菌群；月桂基磺酸钠能抑制革兰氏阳性菌的生长，同时比胆盐的选择性和稳定性更好。在复发酵所用煌绿乳糖胆盐肉汤培养基中，煌绿是抑菌抗腐剂，可以增强对革兰氏阳性菌的抑制作用，由于配方中由胆盐，也可抑制革兰氏阳性菌生长，同时胆盐遇到大肠菌群分解乳糖所产生的酸，形成胆酸沉淀，在判定时可看到管底有沉淀，培养基也由原来的绿色变为黄色。

实训项目拓展

一、滤膜法测定大肠菌群

滤膜法是用孔径为 $0.45\mu m$ 的微孔滤膜过滤水样，细菌被截留在滤膜上，将滤膜贴在选择性培养基上，经培养后，大肠菌群可直接在膜上生长，从而可直接计数生长在滤膜上的典型大肠菌群菌落数。这种方法适用于生活饮用水和低浊度的水源水中总大肠菌群数的测定，并且测定快速，结果重复性好。

1. 材料与仪器

（1）培养基　伊红美蓝琼脂平板培养基、乳糖蛋白胨发酵管培养基。

（2）仪器　灭菌过滤器、镊子、真空泵、滤膜、烧杯等。

2. 实践操作

（1）滤膜灭菌　将滤膜放入烧杯中，加入蒸馏水，置于沸水浴中煮沸灭菌三次，每次 15min。前两次煮沸后需更换水洗涤 2~3 次，以除去残留溶剂。

（2）滤器灭菌　在 121℃ 高压灭菌 20min。

（3）过滤水样　用无菌镊子夹取灭菌滤膜边缘部分，将粗糙面向上，贴放在已灭菌的滤床上，固定好滤器，将100mL水样（如水样含菌数较多，可减少过滤水样量，或将水样稀释）注入滤器中，开动真空泵进行抽滤。

（4）培养　水样滤完后，再抽气约5s，关上滤器阀门，取下滤器，用灭菌镊子夹取滤膜边缘部分，移放在伊红美蓝培养基上，见图12-2，滤膜截留细菌面向上，滤膜应与培养基完全贴紧，两者间不得留有气泡，然后将平皿倒置，放入37℃恒温箱内培养22~24h。

（5）观察结果

①将具有下列特征菌落进行革兰氏染色、镜检，见图12-3。

紫红色，具有金属光泽的菌落。

深红色，不带或略带金属光泽的菌落。

淡红色，中心色较深的菌落。

 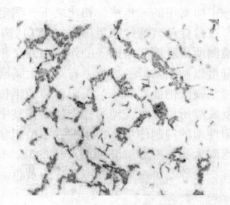

图12-2　大肠菌群EMB平板　　　　图12-3　大肠菌群革兰氏染色图

②凡革兰氏染色为阴性的无芽孢杆菌，再接种乳糖蛋白胨培养基液，于37℃培养24h，有产酸产气者，则判定为总大肠菌群阳性，见图12-4。

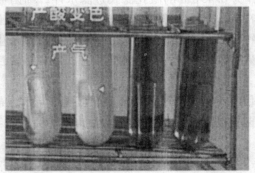

左边两根试管为(+)；产酸产气
右边两根试管为(-)；无产酸产气

图12-4　大肠菌群乳糖蛋白胨发酵管

（6）计算滤膜上生长的总大肠菌群数

$$总大肠菌群菌落数（CFU/mL）= \frac{水样中的总大肠菌群数（CFU/mL）}{过滤的水样体积（mL）}$$

二、大肠菌群平板计数法

1. 仪器与材料

结晶紫中性红胆盐琼脂（VRBA）、磷酸盐缓冲液、无菌生理盐水。

恒温培养箱、恒温水浴箱、天平、均质器、振荡器、无菌吸管、无菌培养皿等。

2. 实践操作

操作步骤见图 12－5。

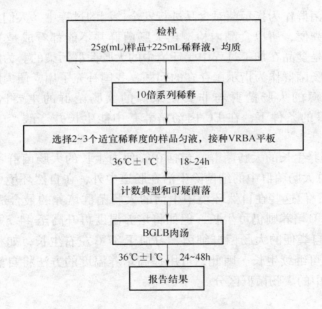

图 12－5　大肠菌群平板计数法程序

（1）样品的稀释　与多管发酵法一致。

（2）平板计数　取 2～3 个适宜的连续稀释度，每个稀释度接种 2 个无菌平皿，每皿 1mL。同时取 1mL 生理盐水加入无菌平皿作空白对照。及时将 15～20mL 冷至 45℃的结晶紫中性红胆盐琼脂（VRBA）倾注于每个平皿中。小心旋转平皿，将培养基与样液充分混匀，待琼脂凝固后，再加 3～4mL VRBA 覆盖平板表层。翻转平板，置于（36±1）℃培养 18～24h。

（3）平板菌落数的选择　选取菌落数在 15～150CFU 的平板，分别计数平板上出现的典型和可疑大肠菌群菌落。典型菌落为紫红色，菌落周围有红色的胆盐沉淀环，菌落直径为 0.5mm 或更大。

（4）证实试验　从 VRBA 平板上挑取 10 个不同类型的典型和可疑菌落，分别移种于 BGLB 肉汤管内，（36 ± 1）℃ 培养 24～48h，观察产气情况。凡 BGLB 肉汤管产气，即可报告为肠菌群阳性。

（5）大肠菌群平板计数的报告　经最后证实为大肠菌群阳性的试管比例乘以计数的平板菌落数，再乘以稀释倍数，即为每 g（mL）样品中大肠菌群数。例：10^{-4} 样品稀释液 1mL，在 VRBA 平板上有 100 个典型和可疑菌落，挑取其中 10 个接种 BGLB 肉汤管，证实有 6 个阳性管，则该样品的大肠菌群数为：$100 \times 6/10 \times 10^4 = 6.0 \times 10^5 CFU/g(mL)$。

三、粪大肠菌群的检测

在以大肠菌群作为指示菌对食品进行安全检测的过程中，人们发现其有一部分并非来源于粪便，所以食品内检测出大肠菌群并不能都看成是粪便的直接污染，也有可能是食品在加工过程中受环境中的大肠菌群污染的。为解决和克服非粪便来源的大肠菌群作为指示菌存在的问题，我国补充了用粪便大肠菌群作为指示菌。粪便来源的大肠菌群与非粪便来源的大肠菌群的主要区别是前者于（44.5 ± 0.5）℃ 的条件下，在 EC 肉汤培养基中能生长并产酸产气，而后者却不能。

在 37℃ 培养生长的大肠菌群，包括在粪便内生长的大肠菌群习惯称为"总大肠菌群"，总大肠菌群中的细菌除生活在肠道中外，在自然环境中的水与土壤中也经常存在，但这些在自然环境中生活的大肠菌群培养的最合适温度为 25℃ 左右，如在 37℃ 培养则仍可生长，但如将培养温度再升高至 44.5℃，则不再生长，而直接来自粪便的大肠菌群细菌，习惯于 37℃ 左右生长，如将培养温度升高至 44.5℃ 仍可继续生长。因此，可用提高培养温度的方法将自然环境中的大肠菌群与粪便中的大肠菌群区分。

▶ 课后思考

1. 大肠菌群的定义是什么？
2. 利用大肠菌群作为粪便污染指示菌的卫生学意义何在？

第二课堂活动设计

对市售某一鲜乳进行抽样检测其微生物指标，评定其安全卫生状况。

知识归纳整理

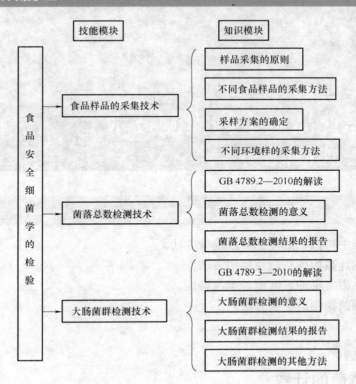

技能模块   知识模块

食品安全细菌学的检验

- 食品样品的采集技术
  - 样品采集的原则
  - 不同食品样品的采集方法
  - 采样方案的确定
  - 不同环境样的采集方法
- 菌落总数检测技术
  - GB 4789.2—2010的解读
  - 菌落总数检测的意义
  - 菌落总数检测结果的报告
- 大肠菌群检测技术
  - GB 4789.3—2010的解读
  - 大肠菌群检测的意义
  - 大肠菌群检测结果的报告
  - 大肠菌群检测的其他方法

模块四
发酵食品微生物检测技术
［综合型工作任务］

教学目标

- 掌握食品中霉菌、酵母的一般检验方法。
- 熟悉血球计数板的构造及使用方法。
- 知道食品中常见的乳酸菌种类及特性。
- 掌握乳酸菌检测的一般方法。

项目 13 ▶

食品中霉菌的计数

项目导入

　　霉菌也是造成食品腐败变质的主要原因。由于它们生长缓慢，竞争能力不强，故常在不适于细菌生长的食品中出现，这些食品是 pH 低、湿度低、含盐和含糖高的食品，低温贮藏的食品，或含有抗生素的食品等。霉菌的生长能转换某些不利于细菌的物质，而促进致病细菌的生长；有些霉菌能够合成有毒代谢产物——霉菌毒素，例如黄曲霉和寄生曲霉可以产生黄曲霉毒素，毒性极强，有一定致癌性。霉菌往往使食品表面失去色、香、味，使食品发生难闻的霉味，因此霉菌也作为评价食品安全质量的指示菌，并以霉菌的计数来表示食品被污染的程度。目前，我国已制订了一些食品中霉菌的限量标准。

　　霉菌多为需氧菌，主要生长于和空气接触的物体表面。由于霉菌的营养来源主要是糖、少量的氮和无机盐，因此极易在粮食、水果等食品上生长。水果临近成熟时 pH 升高，表皮变软，防御屏障薄弱，易为霉菌侵染。青霉是柑橘类水果变质的最常见原因，有时是白地霉或柑橘链孢霉。扩展青霉甚至可使冷藏的苹果和梨腐烂。变质时水果先变软，表面有淡褐色斑点并迅速扩展至全果，即使将变质的部分削去也不能除去扩散的展青霉素。所以，用被扩展青霉侵染过的水果制成的果酱和果汁中，这种致癌致畸的毒素阳性检出率非常高。在我国北方省份生产的苹果、山楂等水果的果酱和果汁中多次检出展青霉素。丛梗孢霉和黑根霉主要使桃、杏等核果腐烂。蔬菜腐烂主要是由葡萄孢霉（豌豆、洋葱、番茄等）、曲霉（洋葱等）、镰刀菌（洋葱、大蒜、马铃薯等）和交链孢霉（番茄、瓜叶类蔬菜）造成的。根霉可引起几乎所有的水果和蔬菜的霉烂。

材料与仪器

1. 培养基与试剂

马铃薯蔗糖培养基、孟加拉红培养基等。

2. 仪器与用具

水浴锅、均质器、吸管、三角瓶、无菌水、灭菌培养皿和试管等。

实践操作

一、步骤

霉菌检验程序见图 13-1，具体操作步骤如下：

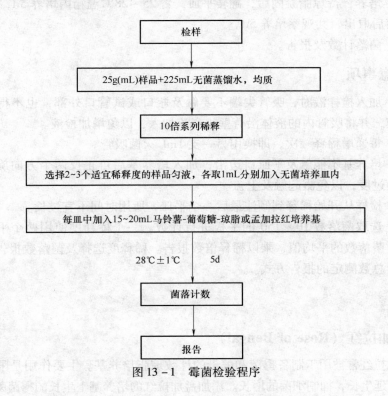

图 13-1　霉菌检验程序

（1）样品的稀释、处理　霉菌的检测一般针对糕点、果脯、糖果类或粮食类食品。用75%酒精棉球擦拭消毒袋口，以无菌操作开封取样。称取检样25g，放入装有适量玻璃珠的灭菌广口瓶子中。然后加入225mL的灭菌水，振摇30min，振摇均匀，即为1:10的稀释液。

（2）用10mL灭菌吸管，吸取1:10稀释液10mL，注入无菌试管内，另用带橡皮乳头的1mL灭菌吸管反复吹吸，使霉菌孢子充分散开。

（3）用1mL灭菌吸管，吸取上述1:10稀释液1mL，注入含有9mL灭菌水的试管内，换一支1mL灭菌吸管反复吹吸5次，制成1:100稀释液。

（4）另取1mL灭菌吸管，吸取上述1:100稀释液1mL，注入含有9mL灭菌水的试管内，按上项操作顺序作10倍递增稀释液，如此每递增稀释一次，即换用另一支1mL灭菌吸管。

（5）根据对检样污染的情况估计，选择3个适宜稀释度，分别在作10倍递增稀释的同时，即以吸取该稀释度的1mL稀释液于灭菌平皿内，每个稀释度做2个平皿。

（6）用1mL无菌水作空白对照试验，做2个平皿。

（7）倒平板　稀释液移入平皿后，及时将凉至46℃的培养基（可放置于46℃水浴保温）倾注入平皿约15mL，并正反转动平皿使混合均匀。

（8）培养　待琼脂凝固后，翻转平皿，置25～28℃温箱内培养5d，从第3d开始观察后取出，共观察培养5d。

（9）菌落计数及报告。

二、注意事项

（1）加入检样液时，吸管尖端不要触及瓶口或试管口外部，也不得触及管内稀释液，并将吸管内的液体沿管壁小心流加入，以免增加检液。

（2）每递增稀释一次，即换用另一支1mL灭菌吸管。

（3）培养基不能触及平皿口边沿，加入培养基后可正反两个方向旋转，但不可用力过度，以免溅起触及上盖。

（4）检样从开始稀释到倾注最后一个平皿，所用时间不宜过长。

（5）选取菌落数10～150的平板进行计数。一个稀释度使用两个平板，取两个平板菌落数的平均值，乘以稀释倍数报告。稀释度选择及菌落数报告方式可参考菌落总数测定的报告方式。

问题探究

一、孟加拉红（Rose of Bengal）

孟加拉红常被用于制备霉菌和酵母的计数琼脂培养基。主要作用是限制霉菌菌落的蔓延生长，抑制细菌的增长。添加孟加拉红的培养基上生长的霉菌菌落较为致密，而且生长的菌落背面显出较浓的红色，有助于计数。唯一的缺点是孟加拉红溶液对光敏感，易分解成一种黄色的有细胞毒作用的物质。平时应将孟加拉红溶液用不透光的容器或袋子包好，贮存在冰箱中。已变黄的溶液和琼脂应弃去。

二、霉菌计数范围选择

霉菌菌落由孢子和菌丝组成，相当扩散，在直径 9cm 的平皿里，菌落数稍多就相互交叉重叠，影响计数，但数量太少又会产生较大的误差，因此选择适当的稀释度计数是保证结果准确的关键环节之一。有研究，每个平板含 50～100 个菌落已较难计数，而大部分菌株，超过 100 个/平皿或小于 10 个/平皿的计数结果就与显微计数结果存在较大差别，因此，应尽量选择 10～50 个/平皿的稀释度进行霉菌计数。而对菌丝很丰富、菌落特别扩散的毛霉、根霉、犁头霉等菌株，则应在更少的范围内计数（30 个/平皿以内）。

三、接种方式的影响

在平板计数中，接种方式主要有倾注法和涂布法两种。目前国标方法中规定采用倾注法，但近来国际上有不少学者认为霉菌计数采用涂布法更合适。有人分别对这两种方法做了大量比较试验后发现，对霉菌计数来说，涂布法有以下几方面优越于倾注法：①培养出的霉菌菌落数较多；②培养所需的时间较短；③霉菌孢子、菌落形态特征发育完全，便于鉴定。这是因为绝大多数霉菌是好氧的，在培养基表面生长快，发育好，而混在培养基中发育就受影响，而且在培养基倾注时霉菌孢子易受热损伤。

四、培养时间的确定

霉菌的生长速度低于一些细菌，国标中规定培养的时间为 5d。正常培养条件下，培养 4～5d 的菌落数与 6～7d 的基本相同，但菌种的特征不明显，因此，如果只作霉菌计数，培养 4～5d 已基本达到目的，但如果还要进一步分类鉴定，则需要培养更长的时间（7～14d）。必须特别注意的是，有几类生长特别快、菌丝很多的菌，则必须在 48h 以内计数，否则菌丝就会覆盖整个平皿，无法准确计数。这类菌主要有：毛霉、根霉、犁头霉、木霉等样品。总之在检测这类样品时，应随时做好观察、记录的准备。

知识拓展

GB 4789.15—2010《食品安全国家标准 食品微生物学检验 霉菌和酵母计数》中规定的检测方法也适用于食品中酵母菌的计数，属于平板间接计数法。在计数时，根据菌落形态分别计数霉菌和酵母数。此法适用于各类食品和饮料中的霉菌和酵母的计数。

霉菌的计测也可采用郝氏霉菌计测法，此法是在一个标准计数器里计数显微镜视野所含的霉菌菌丝。此法适用于酱类罐头制品检测。

实训项目拓展

以番茄酱罐头霉菌计数为例介绍郝氏霉菌计数法。

（1）检样的制备　取 10g 样品，加蒸馏水稀释至折光率为 1.3447 ~ 1.3460（或用糖度计测定其浓度在 7.9% ~ 8.8%）的标准溶液。

（2）显微镜标准视野的校正　将将显微镜按放大率 90 ~ 125 倍调节标准视野，使其直径为 1.382mm。

（3）涂片　洗净郝氏计测玻片，将制好的标准液，用玻璃棒均匀的摊布于计测室，以备观察。

（4）观测　将制好之载玻片放于显微镜标准视野下进行霉菌观测，一般每一检样观察 50 个视野，同一检样应由两人进行观察。

（5）结果与计算　在标准视野下，发现有霉菌菌丝其长度超过标准视野（1.382mm）的 1/6 或三根菌丝总长度超过标准视野的 1/6（即测微器的一格）时即为阳性（+），否则为阴性（-），按 100 个视野计，其中发现有霉菌菌丝体存在的视野数，即为霉菌的视野百分数。

> **课后思考**
>
> 1. 简述霉菌平板计数法。
> 2. 霉菌菌落计数时应注意哪些问题？
> 3. 霉菌平板计数报告的原则及方法？
> 4. 什么霉菌的直接镜检计数？检测中应着重注意什么？

项目 14

食品中酵母的直接计数——血球计数板法

项目导入

酵母是非丝状真菌的统称，相对于低等的细菌来说，酵母生长较缓慢，竞争能力较弱，所以酵母一般在不利于细菌生长繁殖的环境中形成优势菌群。由于霉菌和酵母的细胞较大，新陈代谢能力强，故 10^2 ~ 10^4 个/g 酵母即可引起食物的变质，而细菌则需要 100 倍于此数的细胞。

在乳制品中，鲜乳易因细菌污染而腐败，酵母菌不是主要问题。但当鲜乳被加工成奶油、乳酪、酸乳等制品后，由于细菌被抑制，酵母可相应地成为优势菌。它们使奶油、乳酪产生怪味和气体，使黄油产生有味物质，并可使酸乳和酸乳酪腐败。在实验室中，汉逊德巴利酵母、布提利假丝酵母、多孢丝孢酵母和红酵母均能导致固体和液体乳酪的腐败。

而在酒类、饮料和浸渍食品中，酵母是优势菌群。酒中 9% ~ 22% 的乙醇、3 ~ 3.6 的 pH 和防腐剂（一般是 SO_2 和山梨酸）能抑制多种微生物生长。但是酿酒酵母却能生长于 18% 的乙醇中，而路德酵母能抵抗 SO_2 和山梨酸，它们使葡萄酒浑浊，并产生丁二醇、酚类等异味物质。蔬菜和水果在浸渍时由于未能隔绝空气造成膜生酵母及一些丁酸细菌生长而引起变质。充碳酸气的饮料少见霉菌性变质，有时可见酵母引起沉淀物产生。

材料与仪器

显微镜、血球计数板、盖玻片、滴管、擦镜纸等。

实践操作

血球计数器是一块特制的载玻片，载玻片上有四条槽，构成三个平台。中间的平台较宽，其中间又被一短槽隔成两半，每半边上各刻有一个方格网。每个方格网共分九大格，中间的一大格称为计数室，常被用作微生物的计数（见图 14 - 1）。利用血球计数器在显微镜下直接计数，是一种常用的微生物计数方法。

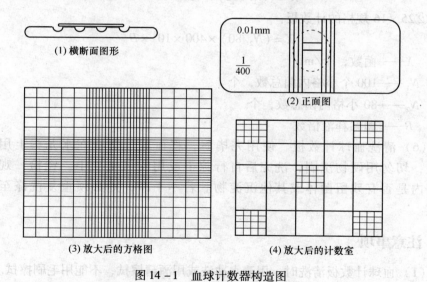

(1) 横断面图形

0.01mm

$\frac{1}{400}$

(2) 正面图

(3) 放大后的方格图

(4) 放大后的计数室

图 14 - 1 血球计数器构造图

一、步骤

（1）菌悬液制备 将酵母菌悬液进行适当稀释，菌液如不浓，可不必稀释。

（2）镜检计数室 在加样前，先对计数板的计数室进行镜检。若有污物，则需清洗后才能进行计数。

（3）加样　将清洁干燥的血球计数板盖上盖玻片，再用无菌的毛细管将悬液由盖玻片边缘滴一小滴，让菌液沿缝隙靠毛细渗透作用自行进入并充满计数室。

（4）显微镜计数　静置5min后，将血球计数板置于显微镜载物台上，先用低倍镜找到计数室所在位置，然后换成高倍镜进行计数。在计数前若发现菌液太浓或太稀，需重新调节稀释度后再计数。一般样品稀释度要求每小格内约有5～10个细胞为宜。若是25×16规格计数板，每个计数室可选4个角和中央的中格（100个小格）中的细胞进行计数。若是规格计数板，只计计数室4个角上的中格（80个小格）。每个样品要从两个计数室中计得的值求平均。一般样品稀释度要求每小格内约有5～10个菌体为宜。每个计数室选5个中格（可选4个角和中央的中格）中的菌体进行计数。位于格线上的菌体一般只数上方和右边线上的。如遇酵母出芽，芽体大小达到母细胞的一半时，即作两个菌体计数。计数一个样品要从两个计数室中计得的值来计算样品的含菌量。

（5）计算报告

①16×25规格的计数板：

$$X = (N_1/100) \times 400 \times 10^4 \times B$$

②25×16规格的计数板：

$$X = (N_2/80) \times 400 \times 10^4 \times B$$

式中　X——菌数，个/mL

N_1——100个小格内菌总数，个

N_2——80小格内菌总数，个

B——菌稀释液倍数

（6）清洗血球计数板　使用完毕后，将血球计数板在水龙头上用水柱冲洗，切勿用硬物洗刷，洗完后自行晾干或用吹风机吹干。镜检，观察每小格内是否有残留菌体或其他沉淀物。若不干净，则必须重复洗涤至干净为止。

二、注意事项

（1）血球计数板清洗时，用清水冲洗或用酒精擦拭，不能用毛刷擦拭。

（2）若孢子在计数线上则按计上不计下、计左不计右原则计数。如遇酵母出芽，芽体大小达到母细胞的一半时，即作两个菌体计数。

（3）加样时不能产生气泡，如有菌液粘在计数区内的盖玻片上表面，则应弃去盖玻片，洗净计数板后重新加样。

（4）样品稀释至每个小格所含细胞数在10个以内比较适宜，过多则不易计数，应进行稀释调整。

问题探究

一、血球技术板使用技术

直接计数法原理是将 $1mm^2 \times 0.1mm$ 的薄层空间划分为 400 小格，从中均匀分布地选取 80 或 100 小格，计数其中的细胞数目，换算成单位体积中的细胞数。

二、血球计数板使用时的注意点

在计数前，先用显微镜观察计数室是否有杂质残留，若不干净需用水柱冲洗或酒精擦洗，不能用毛刷，否则会刮花计数面影响观察。

将清洁干燥的血球计数板盖上盖玻片，再用无菌的毛细管将菌悬液由盖玻片边缘滴一小滴，让菌液沿缝隙靠毛细渗透作用自行进入并充满计数室。加样不宜过多，不能加到盖玻片外，否则会影响计数室样液体积。若不慎加至盖玻片外，需清洗后重新加样。

在计数的时候，通常数五个中方格的总菌数（每个中方格数四个小方格），求得平均值。再乘上 16 或 25 就得一大方格中的总菌数，然后再换算成 1mL 菌液中的总菌数，下面以一个大方格分为 25 个中方格的血球计数器为例进行计算：

设五个中方格的总菌数为 A，菌液稀释倍数为 B，那么一个大方格中的总菌数（也即 $0.1mm^3$ 的总菌数）为 $A/5 \times 25 \times B$。$1mL = 1cm^3 = 1000mm^3$。那么，1mL 菌液中的总菌数 $= A/5 \times 25 \times 10 \times 1000 \times B = 50000A \cdot B$（个）。同理，如为 16 个中方格的计数室，设四个中方格的总菌数为 A'，则 1mL 菌液中的总菌数为 $A'/4 \times 16 \times 10 \times 1000 \times B = 40000A' \cdot B$（个）。

计数时若遇位于中格线上的菌体遵循计上不计下、计左不计右原则，防止重复计数。对同一样品重复计数两次，取其平均值；若两次数据相差太大，则需重复计数。

知识拓展

一、间接计数法（平板计数法）

间接计数法是最常用的活菌计数法。将适当稀释的菌液倾注平板或涂布在平板表面，经保温培养后，以平板上出现的菌落数乘以稀释度就可以计算出原菌液的含菌量。按照国家标准规定的样品菌落总数测定的计数原则，以平板菌落数在 30 ~ 300 为报告依据（见模块三 菌落总数的测定）。

二、直接计数法应用范围

这种方法适用于个体较大的细胞或颗粒，除酵母菌外，还可用于霉菌孢子、血细胞等。不适用于细菌等个体较小的细胞，因为细菌细胞太小，不易沉降；在油镜下看不清网格线，超出油镜工作距离。这种方法能快速、准确计数，对酵母菌可同时测定出芽率，或在菌悬液中加入少量美蓝可以区分酵母的死活细胞。

三、微生物生长量的衡量

微生物细胞吸收营养物质，进行新陈代谢，当同化作用大于异化作用时，生命个体的质量和体积不断增大。生命个体生长到一定阶段，通过以特定方式产生新的生命个体，即引起生命个体数量增加。描述不同种类、不同生长状态的微生物生长情况，需选用不同的测定指标。

（1）直接法（干重法） 将一定量菌液中的菌体通过离心或过滤分离出来，然后烘干（干燥温度可采用 105、100 或 80℃）、称重。一般干重为湿重的 10% ~ 20% 。湿重误差较大。

该法适合菌浓度较高的样品。

例如：一个细胞一般重约 10^{-13} ~ 10^{-12} g，大肠杆菌液体培养物中细胞浓度可达到 2×10^8 个/mL，100mL 培养物可得 10 ~ 90mg 干重的细胞。

（2）间接法（比浊法、生理指标法） 在一定范围内，菌悬液中的细胞浓度与浑浊度成正比，即与光密度成正比，菌数越多，光密度越大。因此，借助于分光光度计，在一定波长下测定菌悬液的光密度，就可反映出菌液的浓度。

或测含氮量反映生长量，蛋白质是细胞的主要物质，含量稳定，而氮是蛋白质的主要成分，通过测含氮量就可推知微生物的浓度。一般细菌含氮量为干重的 12.5% ，酵母菌为 7.5% ，霉菌为 6.0% ，根据其含氮量再乘以 6.25，就可测得粗蛋白的含量。

四、微生物生长曲线的绘制

将少量单细胞（细菌或酵母菌）的纯培养，接种到一恒定容积的新鲜液体培养基中，在适宜条件下培养，每隔一定时间取样，测菌细胞数目，则发现其群体的生长有一定规律性。若以培养时间为横坐标，以细菌数目的对数值为纵坐标，绘制所得的曲线就是微生物生长繁殖曲线（见图 14 - 2）。

从生长繁殖曲线中，可以看到各阶段微生物细胞增长速度不同，人为将其划分为延迟期、对数期、稳定期和衰亡期四个不同时期。

（1）延迟期（lag phase，Ⅰ） 又称适应期、调整期。指少数微生物接种到新培养基中，在开始培养的一段时间内，细胞数目不增加的时期。这个时期的特点是细胞形态变大或增长，细胞内 RNA 尤其是 rRNA 含量增高，合成代谢活跃，核糖体、酶类和 ATP 合成加快，产生诱导酶，适应新环境，为快速生长繁殖做准备。

延迟期短的只有几分钟，长的可达几个小时。时间长短与菌种的遗传性、菌

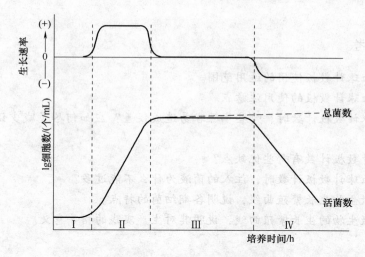

图 14 - 2 微生物生长曲线

龄及接种新培养基前所处环境条件是否相同等因素有关。在发酵工业中为了缩短延迟期，可以采取应用健壮的对数期生长的菌种、增加接种量、发酵培养基与种子培养基的成分和温度尽量接近等措施。

（2）对数期（logarithmic plase，Ⅱ） 又称指数期。在延迟期末，细菌适应了新环境，开始大量分裂繁殖，培养基中菌数按几何级数增加，生长曲线呈一条斜的直线上升。

对数期的菌体代谢活跃，消耗营养较多，生长速度快，个体数目显著增多。另外，群体细菌的化学组成、形态、结构、生理特征比较一致，病原菌的致病力最强。这一时期菌种健壮，在生产上常作为接种的种子，也是进行科学研究的好材料。

（3）稳定期（Stationary phase，Ⅲ） 对数期过后，细菌生长速率逐渐下降，死亡率增大，使新繁殖的细菌数与死亡数趋于平衡，此期活菌数不变。

由于对数期细菌生长活跃，消耗了大量营养物质，积累了大量代谢产物（酸、醇、毒素等），改变生活环境（如 pH），使细胞的生活力逐渐减弱，大多数芽孢杆菌开始形成芽孢。

这个时期活菌数达到了最高水平，积累了大量的代谢产物。根据生产需要，应在此期开始收获细菌和产物。要想延长稳定期，就要及时补充营养物质、调整环境，以降低细菌的死亡数。

（4）衰亡期（declime phase，Ⅳ） 稳定期过后，再继续培养，细菌的死亡数逐渐增加，死亡数大大超过新生菌，使活菌数明显下降。

这个时期的细菌常出现多种形态，包括畸形和衰退形，芽孢杆菌形成游离的芽孢。细胞死亡伴随菌体自溶，总菌数也会下降。

▶ 课后思考

1. 简述血球计数板使用的适用范围。
2. 简述血球计数板的使用注意点。
3. 用血球计数板计数时，哪些步骤容易造成误差？应如何尽量减少误差力求准确？
4. 血球计数板计数有哪些优缺点？
5. 利用血球计数板计数时，注入的菌液为什么不能过多？
6. 叙述微生物生长繁殖曲线，说明各期细菌的特点。
7. 根据微生物的生长繁殖曲线，说明其对生产实践的指导意义。

项目 15 ▶

乳酸菌检验（GB 4789.35—2010）

项目导入

发酵食品是指通过一定微生物作用而生产加工成的食品，其种类很多，如发酵饮料的酸乳、啤酒；发酵调味料的酱油、食醋等。对发酵食品的微生物检测多注重在细菌总数、大肠菌群、病原微生物等食品安全质量方面。但有时为了检验它们是否符合制作的技术要求和具有该发酵食品应有的风味，往往也要检验该发酵食品的菌种及菌种质量和数量，以及相关的技术指标。乳酸菌的检测（GB 4789.35—2010）适用于以乳粉、鲜乳或辅以大豆等为原料，经乳酸菌发酵加工制成的具有相应风味的活性乳酸菌饮料。

材料与仪器

1. 仪器与用具
恒温培养箱、显微镜、均质器、三角瓶、灭菌吸管、灭菌平皿等。
2. 培养基与试剂
MRS 培养基、MC 培养基、革兰氏染色液等。

实践操作

乳酸菌是指一群能分解葡萄糖或乳糖产生乳酸，需氧和兼性厌氧，多数无动力，过氧化氢酶阴性，革兰氏阳性的无芽孢杆菌和球菌。乳酸菌菌落总数指检样在一定条件下培养后，所得 1mL 检样中所含乳酸菌菌落的总数。

一、步骤（见图 15 –1）

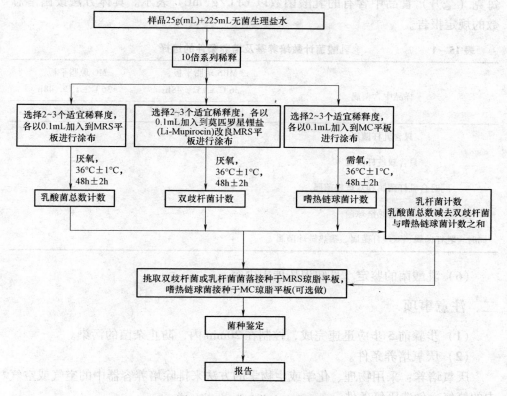

图 15 – 1　乳酸菌检验流程图

（1）检样处理　以无菌操作取经过充分摇匀的检样 25mL 放入含有 225mL 灭菌生理盐水的灭菌广口瓶内做成 1:10 的均匀稀释液。

（2）样品稀释　用 1mL 灭菌吸管，吸取 1:10 稀释液 1mL，沿管壁徐徐注入含有 9mL 灭菌生理盐水或其他稀释液的试管内（注意吸管尖端不要触及管内稀释液），充分振摇试管，使之混合均匀，制备成 1:100 的稀释液。另取 1mL 灭菌吸管，按上项操作顺序，作 10 倍递增稀释液，如此每递增稀释一次，即换用 1 支 1mL 灭菌吸管。

（3）选择适宜的稀释样液　根据对标本情况的估计，选择 2~3 个适宜稀释度，吸取该稀释度 0.1mL 稀释液于乳酸菌计数培养基（MRS 培养基或 MC 培养基）表面，用涂棒涂抹均匀。

（4）培养　倒置平板于 36℃ 培养箱内培养 48h。乳酸菌计数培养基及培养条件的选择见表 15 – 1。

（5）菌落计数　培养时间到后，取出平板观察乳酸菌菌落特征。选取菌落数在 30～300 的平板进行计数。再乘以相应的稀释倍数，采用 10 的指数表示，每克（毫升）食品中含有的乳酸菌数以 CFU/g(mL) 表示。具体方法按菌落总数的规定报告。

表 15 – 1 乳酸菌计数培养基及培养条件的选择

样品中含菌属	MRS 琼脂平板，36℃±1℃，48h		MC 琼脂平板，36℃±1℃，48h
	厌氧	兼性厌氧	兼性厌氧
只含乳杆菌属	－	＋	－
只含双歧杆菌属	＋	－	－
同时含乳杆菌属和双歧杆菌属	＋	＋	－
只含嗜热链球菌	－	－	＋
同时含乳杆菌属、双歧杆菌属、嗜热链球菌属	＋	＋	＋

（6）乳酸菌的鉴定　见知识拓展中内容。

二、注意事项

（1）步骤前 5 步应迅速完成，控制在 20min 内，防止杂菌的污染。

（2）厌氧培养条件。

厌氧培养：采用物理、化学或生物学的方法来排除培养容器中的空气或空气中的氧气，创造厌氧条件。

生物学方法：利用植物呼吸作用，造成厌氧条件，常用的方法是在密封的干燥器底部放入发芽种子，因种子的呼吸作用增强，吸收氧气，创造厌氧条件。此法简易，但厌氧程度低。

化学方法：利用焦性没食子酸吸收容器中的氧气。在容器的一边放一包用吸水纸包好的焦性没食子酸，在另一边放入碱液，容器密封后，让碱液流向焦性没食子酸一边，两者反应时吸收容器中的氧气，创造厌氧条件。100mL 容器中需用 10% NaOH 溶液 10mL，焦性没食子酸 1g。此法的缺点是，因为这个反应是在强碱性的环境中进行，因此容器中的 CO_2 也被吸收了，故对于某些需要 CO_2 的微生物，此法不适用。

物理方法：常用真空泵抽出密封干燥器内的空气或再充入其他惰性气体，以保证厌氧条件。抽气前，容器内放入指示剂和培养物。一般为达到严格厌氧目的，常采用物理和化学相结合并用的方法。

厌氧罐、厌氧培养装置及厌氧培养箱见图 15 – 2 至图 15 – 4。

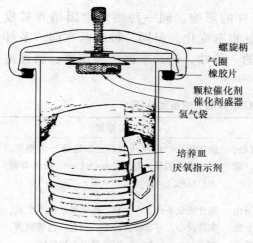

图 15-2　厌氧罐图示

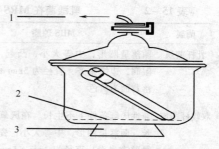

图 15-3　厌氧培养装置
1—连接真空泵　2—隔板　3—吸氧剂

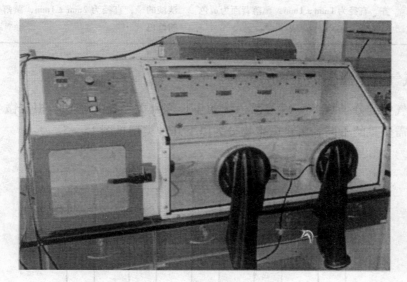

图 15-4　微生物厌氧培养箱

问题探究

一、乳酸菌的菌落特征（见表15-2）

不同细菌的菌落大小、形态、结构、质地和色泽等特征各不相同，既受菌种遗传性的制约，同时也受环境条件的影响。同一种细菌常因培养基成分、培养时间、温度的不同，菌落特征也有变化。但同一种细菌在同一条件下培养，所形成的菌落特征具有一定的一致性，这是掌握菌种纯度、菌种鉴定的重要依据。

表 15－2   乳酸菌在 MRS 和 MC 培养基上的菌落特征

菌属	MRS 琼脂	MC 琼脂
乳杆菌属	菌落呈圆形，中等大小，凸起，微白色，湿润，边缘整齐，直径为 3mm±1mm，菌落背面为黄色	菌落较小，白色或淡粉色，边缘不太整齐，可有淡淡的晕，直径 2mm±1mm，菌落背面为粉红色
双歧杆菌属	兼性厌氧条件下不生长。在厌氧条件下生长，菌落呈圆形，中等大小，瓷白色，边缘整齐光滑，直径为 2mm±1mm，菌落背面黄色	兼性厌氧条件下不生长。在厌氧条件下生长，菌落较小，可有淡淡的晕，白色，边缘整齐，直径 1.5mm±1mm，菌落背面为粉红色
嗜热链球菌	菌落呈圆形，偏小，白色，湿润，边缘整齐，直径为 1mm±1mm，菌落背面为黄色	中等偏小，边缘整齐光滑的红色菌落，可有淡淡的晕，直径为 2mm±1mm，菌落背面为粉红色

二、氧气对于微生物生长的影响

空气中的分子氧（O_2）与微生物的生长繁殖关系极为密切。根据微生物对分子氧需要量的不同，可将微生物分为以下几种类型见图 15－5。

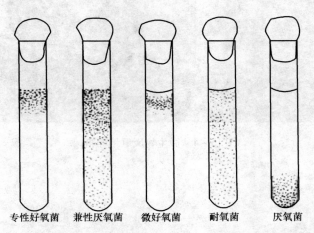

专性好氧菌　　兼性厌氧菌　　微好氧菌　　耐氧菌　　厌氧菌

图 15－5　对氧气需求不同的微生物在半固体琼脂培养中生长模式图

（1）专性好氧菌　必须在有分子氧的条件下才能生长。包括大多数细菌

（如绿脓杆菌）、所有霉菌和放线菌。这类微生物，在食品工业的大规模培养中，应采取通气或振荡培养。

（2）微好氧菌 也是通过呼吸链并以氧为最终受氢体而产能，但只能在较低氧分压（0.01～0.03Pa，而正常大气中氧分压为0.2Pa）下才能正常生长的微生物。例如霍乱弧菌等。

（3）兼性厌氧菌 在有氧或无氧条件下均能生长，以不同的氧化方式产生能量。在有氧时靠呼吸产能，无氧时借发酵或无氧呼吸产能。许多酵母菌（如酿酒酵母）和许多细菌（如普通变形杆菌）都是兼性厌氧菌。

（4）耐氧菌 它们的生长不需要氧，分子氧对它也无毒害作用。在分子氧存在下进行厌氧生活。它们不具备呼吸链，依靠专性发酵获得能量。例如乳链球菌、乳酸杆菌等。

（5）厌氧菌 这类微生物只能在无分子氧的环境中生长，分子氧对它们有毒害作用。生命活动所需要的能量是通过发酵、无氧呼吸等提供的。例如梭菌属、双歧杆菌属、消化球菌属等。

根据微生物对于氧气的不同需求，采取相适宜的培养方式，目的是促进某些有益微生物的生长，发挥它们的有益作用，例如用于制作酸乳等发酵食品。

知识拓展

一、乳酸菌菌种鉴定（GB/T 4789.35—2010）

在发酵食品行业中应用最广泛的是乳酸菌，主要包括乳杆菌属、双歧杆菌属和链球菌属中的嗜热链球菌等。对于常见乳酸菌鉴定需做以下试验。

（1）菌种制备 对上述分离到得乳酸菌自平板上挑取菌落，嗜热链球菌接种MC琼脂平板，乳杆菌属接种于MRS琼脂平板上于36℃±1℃，48h兼性厌氧培养。

（2）涂片镜检 乳杆菌属形态呈长杆状、弯曲杆状或短杆状，无芽孢，革兰氏染色阳性。

嗜热链球菌呈球状，直径为0.5～2.0μm，成对或成链排列，无芽孢，革兰氏染色阳性。

常见乳酸菌的显微镜检图见图15-6。

（3）常见乳杆菌属内种的生化反应见表15-3。

（4）嗜热链球菌的主要生化反应见有15-4。

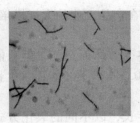
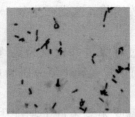
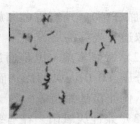

保加利亚乳杆菌   嗜酸乳杆菌   瑞士乳杆菌

嗜热链球菌   乳脂链球菌

图 15 – 6   常见乳酸菌的显微镜检图

表 15 – 3   乳杆菌生化反应表

菌种	七叶苷	纤维二糖	麦芽糖	甘露醇	水杨苷	山梨醇	蔗糖
干酪乳杆菌干酪亚种（*L. caseisubsp. casei*）	+	+	+	+	+	+	+
德氏乳杆菌保加利亚亚种（*L. delbrueckii subsp. bulgaricus*）	–	–	–	–	–	–	–
嗜酸乳杆菌（*L. acidophilus*）	+	+	+	–	+	–	+
罗伊氏乳杆菌（*L. reuteri*）	ND	–	+	–	–	–	+
鼠李糖乳杆菌（*L. rhamnosos*）	+	+	+	+	+	+	+
植物乳杆菌（*L. Plantaom*）	+	+	+	+	+	+	+

注：＋表示 90％ 以上菌株阳性；－表示 90％ 以上菌株阴性；ND 表示未测定。

表 15 – 4   嗜热链球菌的主要生化反应表

菌种	菊糖	乳糖	甘露醇	水杨苷	山梨醇	马尿酸	七叶苷
嗜热链球菌	–	+	–	–	–	–	–

注：＋表示 90％ 以上菌株阳性；－表示 90％ 以上菌株阴性。

二、乳酸菌属种类及其生物学特性

1. 乳杆菌属（*Lactobacillus*）

广泛存在于牛乳、肉、鱼、果蔬制品及动植物发酵产品中。这些菌通常为食品的有益菌，常用来作为乳酸、干酪、酸乳等乳制品的生产发酵剂。植物乳杆菌常用于泡菜、青贮饲料的发酵。乳杆菌属细胞形态多样，长或细长杆状、弯曲形短杆状及棒形球杆状，链状排列。革兰氏阳性菌，通常不运动，有些具有周生鞭毛。无芽孢，大多不产色素。

（1）专性同型乳酸发酵　指能发酵葡萄糖产生85%以上的乳酸，并且不发酵戊糖或葡萄糖酸盐的类群，如德氏乳杆菌、嗜酸乳杆菌、瑞士乳杆菌、香肠乳杆菌等。

（2）兼性异型乳酸发酵　指能发酵葡萄糖产生85%以上乳酸，并且发酵戊糖或葡萄糖酸盐的类群，如干酪乳杆菌、植物乳杆菌、戊糖乳杆菌、米酒乳杆菌和耐酸乳杆菌等。

（3）专性异型乳酸发酵　指发酵葡萄糖产生等物质的量的乳酸、CO_2、乙酸和乙醇的类群。如发酵乳杆菌、短乳杆菌、高加索乳杆菌等。

2. 链球菌属 (*Streptococcus*)

G^+球菌，细胞呈球形或卵圆形，细胞成对地链状排列，接触酶阴性，无芽孢，兼性厌氧，化能异样，营养要求复杂，属同型乳酸发酵，生长温度范围25~45℃，最适温度37℃。

常见于人和动物口腔、上呼吸道、肠道等处。多数为有益菌，是生产发酵食品的有用菌种，如嗜热链球菌、乳链球菌、乳脂链球菌等可用于乳制品的发酵。

但有些种是人畜的病原菌，如引起牛乳房炎的无乳链球菌，引起人类咽喉等病的溶血链球菌。有些种又是引起食品腐败变质的细菌，如液化链球菌和粪链球菌（ *Sc. faccalis* ）（现归属于肠球菌属）。

3. 片球菌属 (*Pediococcus*)

G^+球菌，成对或四联状排列，罕见单个细胞，不形成链状，不运动，不形成芽孢，兼性厌氧，同型发酵产生乳酸，最适生长温度25~40℃。

主要存在于发酵的植物材料和腌制蔬菜中，常用于泡菜、香肠等的发酵，也常引起啤酒等酒精饮料的变质。

常见的有啤酒片球菌（ *P. cerevisaae* ）、乳酸片球菌（ *P. acidilactici* ）、戊糖片球菌（ *P. pentosaceus* ）、嗜盐片球菌（ *P. halophilus* ）等。

4. 明串珠菌属 (*Leuconostoc*)

G^+球菌，菌体细胞呈圆形或卵圆形，菌体常排列成链状，不运动，不形成芽孢，兼性厌氧，最适生长温度20~30℃，营养要求复杂，在乳中生长较弱而缓慢，加入可发酵性糖类和酵母汁能促进生长，属异型乳酸发酵。

多数为有益菌，常存在于水果、蔬菜、牛乳中。能在含高浓度糖的食品中生长，如噬橙明串珠菌（ *Leue. citrovorum* ）和戊糖明串珠菌（ *Leue. dextranicus* ）可作为制造乳制品的发酵菌剂。

另外，戊糖明串珠菌和肠膜明串珠菌可用于生产右旋糖酐，作为代血浆的主要成分，也可以作为泡菜等发酵菌剂。肠膜明串珠菌（*Leuc. mesenteroides*）等可利用蔗糖合成大量的荚膜（葡聚糖），增加酸乳的黏度。

5. 双歧杆菌属（*Bifidobaterim*）

G^+不规则无芽孢杆菌，呈多形态，如 Y 字形、V 字形、弯曲状、棒状、勺状等，专性厌氧，营养要求苛刻，最适温度 37 ~ 41℃，最适 pH 6.5 ~ 7.0，在 pH 4.5 ~ 5.0 或 8.0 ~ 8.5 不生长。发酵碳水化合物活跃，发酵产物主要是乙酸和乳酸，不产生 CO_2。

主要存在于人和各种动物的肠道内。目前报道的已有 32 个种，其中常见的是长双歧杆菌、短双歧杆菌、两歧双歧杆菌、婴儿双歧杆菌及青春双歧杆菌。

双歧杆菌是 1899 年法国巴斯德研究所 Tissster 发现并首先从健康母乳喂养的婴儿粪便中分离出来。双歧杆菌具有多种生理功能，目前已风行于保健饮品市场，许多发酵乳制品及一些保健饮料中常加入双歧杆菌以提高保健效果。

小知识

乳酸菌的发现

早在 20 世纪初，俄国著名的生物学家梅契尼柯夫（Mechnikoff，1845—1916 年）到保加利亚旅游时，首先发现某一高山村落的居民极为长寿，于是便开始探讨当地人长寿的原因。他从当地人的饮食习惯中发现，他们有每日饮用"yogurt"（优格）的习惯。梅契尼柯夫经研究证实，日常生活中经常饮用的"优格"中含有大量的乳酸菌，这些乳酸菌能够定植在人体内，有效地抑制有害菌的生长，减少肠道内有害菌产生的毒素对整个机体的毒害，这是保加利亚地区居民长寿的重要原因。并自其日常饮食中分离出两种乳酸菌：保加利亚乳酸杆菌（*Lactobacillus bulgaricus*）和嗜高温乳酸链球菌（*Streptococcus thermophilus*）。

梅契尼柯夫在此基础上提出了"长寿学说"：人体的肠道每天必须消化吸收我们吃进去的食物，当肠道内的有益菌多于有害菌时，可确保肠道发挥正常的消化与吸收作用，维持正常的免疫功能。但是，当有害菌多于有益菌时，便造成肠道功能下降，使食物无法排出体外而留存在肠道中与有害菌交互作用，逐渐在肠道内产生致病毒素，引发各种疾病及老化现象。乳酸菌是一种存在于人类体内的益生菌，能够帮助消化，有助人体肠道的健康，因此被视为健康食品，梅契尼柯夫得出的结论，乳酸菌＝益生菌＝长寿菌。梅契尼柯夫也因此被称"乳酸菌之父"。

▶ **课后思考**

1. 乳酸菌的定义及食品工业中的应用举例。
2. 乳酸菌菌落总数的定义是什么？乳酸菌饮料中检验乳酸菌有什么意义？
3. 如何进行乳酸菌的鉴定？
4. 乳酸菌检测的其他方法？
5. 简述霉菌平板计数的流程。

第二课堂活动设计

现需检测酱油发酵种曲中的孢子数，请确定其测定方法、操作步骤及注意事项。

知识归纳整理

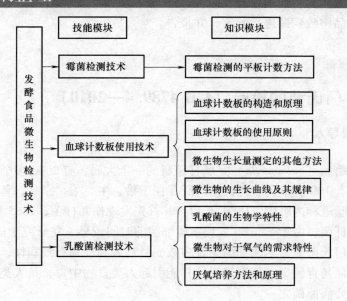

模块五
食品中常见致病菌的检验技术
[综合型工作任务]

教学目标

- 知道常见致病菌的生物学特性及预防污染的措施。
- 熟悉常见致病菌检测的原理及流程。
- 能够对食品中致病菌进行测定，并报告。

项目 16 ▶

食品中沙门氏菌的检验（GB 4789.4—2010）

项目导入

　　沙门氏菌属（*Salmonella*）是肠杆菌科的一个大属，有 2000 多个血清型，我国发现的也有 100 多个。沙门氏菌广泛存在于猪、牛、羊、家禽、鸟类、鼠类等多种动物的肠道和内脏中。1880 年 Eberth 首先发现伤寒杆菌，1885 年 Salmon 分离到猪霍乱杆菌，由于 Salmon 发现本属细菌的时间较早，在研究中的贡献较大，遂定名为沙门氏菌属。本属细菌绝大多数成员对人和动物有致病性，能引起人和动物的败血症与胃肠炎，甚至流产，并能引起人类食物中毒，是人类细菌性食物中毒的最主要病原菌之一。

　　沙门氏菌食物中毒的主要症状是急性胃肠炎，潜伏期为 6～12h，表现为恶心、呕吐、头痛、发热、畏寒、腹泻，大便水样、黏液或带有脓血，严重者出现惊厥、抽搐和昏迷等。本属细菌主要通过消化道途径传染；可分泌内毒素、肠毒素等而产生致病作用。人体感染沙门氏菌有三种类型：肠热症、胃肠炎（食物中毒）、败血症。沙门氏菌食物中毒可分为两个阶段，一是感染过程：沙门氏菌经口进入消化道，在肠道内大量繁殖，然后经淋巴系统进入血液，造成过敏性菌血症；二是致病过程：沙门氏菌在肠道和血液中受到机体免疫系统的抵抗而被裂解、破坏，释放出大量的内毒素，产生致病作用，出现中毒症状。

材料与仪器

1. 仪器

冰箱、恒温培养箱、均质器、振荡器、电子天平、无菌锥形瓶、无菌吸管、无菌培养皿、无菌试管、pH 计或精密 pH 试纸。

2. 试剂

缓冲蛋白胨水（BPW）、四硫磺酸钠煌绿（TTB）增菌液、亚硒酸盐胱氨酸（SC）增菌液、亚硫酸铋（BS）琼脂、HE 琼脂、木糖赖氨酸脱氧胆盐（XLD）琼脂、三糖铁（TSI）琼脂、蛋白胨水、靛基质试剂、尿素琼脂（pH 7.2）、氰化钾（KCN）培养基、赖氨酸脱羧酶试验培养基、糖发酵管、邻硝基酚 β-D-半乳糖苷（ONPG）培养基等。

实践操作

食品中沙门氏菌的检验方法，应按 GB 4789.4—2010《食品安全国家标准 食品微生物学检验 沙门氏菌检验》进行，其检验程序为：采样→增菌培养→分离培养→生化试验→血清学试验（分型鉴定）→结果报告（见图 16-1）。

食品中沙门氏菌的含量较少，所以检测前需经过前增菌处理，用无选择性的培养基使沙门氏菌恢复活力，再进行选择性增菌，使沙门氏菌得以增殖，而使大多数的其他细菌受到抑制。再经过选择性平板分离，生化鉴定，血清学分型鉴定。

一、步骤

（1）前增菌　称取 25g(mL) 样品放入盛有 225mL BPW 的无菌均质杯中，以 8000~10000r/min 均质 1~2min，或置于盛有 225mL BPW 的无菌均质袋中，用拍击式均质器拍打 1~2min。若样品为液态，不需要均质，振荡混匀。如需测定 pH，用 1mol/mL 无菌 NaOH 或 HCl 调 pH 至 6.8±0.2。无菌操作将样品转至 500mL 锥形瓶中，如使用均质袋，可直接进行培养，于 36℃±1℃培养 8~18h。

如为冷冻产品，应在 45℃以下不超过 15min，或 2~5℃不超过 18h 解冻。

（2）增菌　轻轻摇动培养过的样品混合物，移取 1mL，转种于 10mL TTB 内，于 42℃±1℃培养 18~24h。同时，另取 1mL，转种于 10mL SC 内，于 36℃±1℃培养 18~24h。

（3）分离培养　分别用接种环取增菌液 1 环，划线接种于一个 BS 琼脂平板和一个 XLD 琼脂平板（或 HE 琼脂平板或沙门氏菌属显色培养基平板）。于 36℃±1℃分别培养 18~24h（XLD 琼脂平板、HE 琼脂平板、沙门氏菌属显色培养基平板）或 40~48h（BS 琼脂平板），观察各个平板上生长的菌落。

（4）初步鉴别　各个平板上的菌落特征见表 16-1。观察各琼脂平板上有无

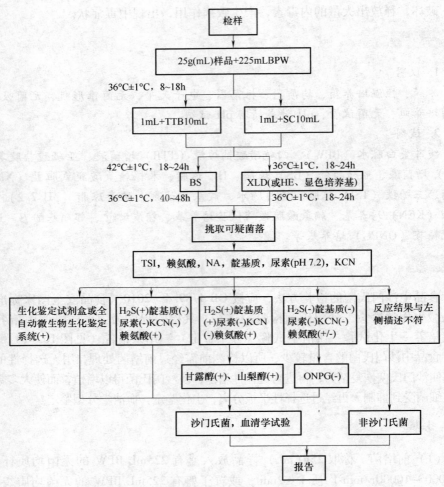

图 16 – 1　沙门氏菌检测程序

典型或可疑沙门氏菌菌落，若有则每个琼脂平板至少挑取 2 个典型或可疑菌落，接种三糖铁（TSI）琼脂斜面。

表 16 – 1　　　　沙门氏菌属在不同选择性琼脂平板上的菌落特征

选择性琼脂平板	沙门氏菌
BS 琼脂	菌落为黑色有金属光泽、棕褐色或灰色，菌落周围培养基可呈黑色或棕色；有些菌株形成灰绿色的菌落，周围培养基不变
HE 琼脂	蓝绿色或蓝色，多数菌落中心黑色或几乎全黑色；有些菌株为黄色，中心黑色或几乎全黑色
XLD 琼脂	菌落呈粉红色，带或不带黑色中心，有些菌株可呈现大的带光泽的黑色中心，或呈现全部黑色的菌落；有些菌株为黄色菌落，带或不带黑色中心

（5）生理生化鉴定　自选择性琼脂平板上分别挑取 2 个以上典型或可疑菌落，接种三糖铁琼脂，先在斜面划线，再于底层穿刺；接种针不要灭菌，直接接种赖氨酸脱羧酶试验培养基和营养琼脂平板，于 36℃ ±1℃ 培养 18 ~ 24h，必要时可延长至 48h。在三糖铁琼脂和赖氨酸脱羧酶试验培养基内，沙门氏菌属的反应结果见表 16 - 2。

表 16 - 2　　　　　　　　　　沙门氏菌属生理生化反应表

三糖铁琼脂				赖氨酸脱羧酶试验培养基	初步判断
斜面	底层	产气	硫化氢		
K	A	+（-）	+（-）	+	可疑沙门氏菌属
K	A	+（-）	+（-）	-	可疑沙门氏菌属
A	A	+（-）	+（-）	+	可疑沙门氏菌属
A	A	+/-	+/-	-	非沙门氏菌
K	K	+/-	+/-	+/-	非沙门氏菌

注：K：产碱，A：产酸；+：阳性，-：阴性；+（-）：多数阳性，少数阴性；+/-：阳性或阴性。

接种三糖铁琼脂和赖氨酸脱羧酶试验培养基的同时，再接种蛋白胨水（供做靛基质试验）、尿素琼脂（pH 7.2）、氰化钾培养基试验培养基及对照培养基各一管，于 36℃ 培养 18 ~24h，必要时可延长至 48h，按表 16 - 3 判定结果。将已挑菌落的平板储存于 2 ~5℃ 或室温至少保留 24h，以备必要时复查。

尿素酶试验：用灭菌针接种 TSI 生长物到 2 ~3mL 尿素肉汤试管中。于 35℃ 培养（24 ±2）h。尿素肉汤管变紫红色（试验阳性）（见图 16 -2），尿素肉汤不变色（试验阴性）。

赖氨酸脱羧酶试验：将少量可疑沙门氏菌阳性 TSI 琼脂斜面培养物接种至赖氨酸脱羧酶肉汤管。将试管帽旋紧，置于 36℃ 培养（48 ±2）h，至少每隔 24h 检查一次。沙门氏菌因碱性反应，使整个培养基呈紫色，阴性反应则使整个培养基呈黄色（见图 16 -3）。如果培养基出现褪色现象（即不呈紫色也不呈黄色），可加入几滴 0.2% 溴甲酚紫溶液，然后再观察试管的反应。

图 16 -2　尿素酶阳性（紫色）

对照　阳性（紫）　阴性（黄）

图 16 -3　赖氨酸脱羧酶试验

氰化钾试验：将少量 TSI 琼脂培养物接种到色氨酸肉汤管中，置 36℃ 培养（24±2）h，从 24h 色氨酸培养物移取 3mm 接种环一环转种到 KCN 肉汤管中。将管口加热，以便加塞时蜡封良好。36℃ 培养（24±2）h，有生长者（有浑浊）为阳性。大多数沙门氏菌在此培养基中不能生长，即无浑浊现象。

表 16-3 沙门氏菌属生化反应初步鉴别表（Ⅰ）

反应序号	硫化氢 (H₂S)	靛基质	pH 7.2 尿素	氰化钾 (KCN)	赖氨酸脱羧酶
A1	+	-	-	-	+
A2	+	-	-	-	+
A3	-	-	-	-	+／-

注：+ 阳性；- 阴性；+／- 阳性或阴性。

反应序号 A1：典型反应判定为沙门氏菌属。如尿素、KCN 和赖氨酸脱羧酶三项中有一项异常，按表 16-4 可判定为沙门氏菌。如有两项异常为非沙门氏菌。

表 16-4 沙门氏菌属生化反应初步鉴别表（Ⅱ）

pH 7.2 尿素	氰化钾（KCN）	赖氨酸脱羧酶	判定结果
-	-	-	甲型副伤寒沙门氏菌（要求血清学鉴定结果）
-	+	+	沙门氏菌Ⅳ或Ⅴ（要求符合本群生化特性）
+	-	+	沙门氏菌个别变体（要求血清学鉴定结果）

注：+ 表示阳性；- 表示阴性。

反应序号 A2：补做甘露醇和山梨醇试验（见表 16-5），沙门氏菌靛基质阳性变体两项试验结果均为阳性，但需要结合血清学鉴定结果进行判定。

表 16-5 沙门氏菌甘露醇山梨醇反应结果

甘露醇	山梨醇	判定结果
+	+	沙门氏菌靛基质阳性变体（要求血清学鉴定结果）
-		缓慢爱德华氏菌

注：+ 表示阳性；- 表示阴性。

反应序号 A3：补做 ONPG。ONPG 阳性为大肠埃希氏菌，ONPG 阴性为沙门氏菌。同时，沙门氏菌应为赖氨酸阳性，但甲型副伤寒沙门氏菌为赖氨酸阴性。

必要时按表 16-6 进行沙门氏菌生化群的鉴别。

表 16-6 沙门氏菌属各生化群的鉴别

项目	I	II	III	IV	V	VI
卫矛醇	+	+	−	−	+	−
山梨醇	+	+	+	+	+	−
水杨苷	−	−	−	+	+	−
ONPG	−	−	+	−	+	−
丙二酸盐	−	+	+	−	−	−
KCN	−	+	+	−	−	−

注：+表示阳性；−表示阴性。

（6）血清学分型鉴定　有条件的学校可进行血清学分型鉴定。

（7）菌型的判定结果报告，根据生化试验和血清学分型鉴定结果，报告样品中检出或未检出沙门氏菌。

二、注意事项

（1）食品中沙门氏菌的含量较少，并且由于食品加工过程使其受到损伤。因此为了分离食品中的沙门氏菌，必须对冻肉、蛋品、乳品及其加工食品进行前增菌处理，可以提高沙门氏菌的检出率。而鲜肉、鲜蛋、鲜乳及其未加工的食品不必经过前增菌处理。

（2）每个琼脂平板至少挑取2个典型或可疑菌落，灭菌接种针轻轻地接触每个菌落中心部位，接种三糖铁（TSI）琼脂斜面，先在斜面上划线，再于底层穿刺。不需灼烧接种针，直接再接种到赖氨酸脱羧酶培养基或尿素酶琼脂一管于37℃培养（24±2）h。挑取菌落后的琼脂平板，应置于4~8℃至少保留24h，以备必要时复查。

问题探究

一、沙门氏菌检测原理

沙门氏菌是食物传播病原菌中研究最活跃的细菌。从食品中分离和鉴定沙门氏菌，当前通用的方法学分5个步骤：

（1）前增菌　第一步使食物样品在含有营养的非选择性培养基中增菌，使受损伤的沙门氏菌细胞恢复到稳定的生理状态。

（2）选择性增菌　在含选择性抑制剂的促生长培养基中，样品进一步增菌的一个步骤。此培养基允许沙门氏菌持续增殖，同时阻止大多数其他细菌的增殖。

（3）选择性平板分离　这一步采用固体选择性培养基，抑制非沙门氏菌的生长，提供肉眼可见的疑似沙门氏菌纯菌落的识别。

（4）生物化学筛选　排除大多数非沙门氏菌。也提供了沙门氏菌培养物菌属的初步鉴定。

（5）血清学技术提供了培养物菌种的鉴定。

二、沙门氏菌的生物学特性

沙门氏菌均为两端钝圆、中等大杆菌；大小与大肠杆菌相似，约为（0.4~0.9）μm×（2~3）μm；不形成芽孢、荚膜；除鸡白痢沙门氏菌、鸡伤寒沙门氏菌外，都有周身鞭毛，能运动；绝大多数具有菌毛，能吸附于细胞表面；革兰氏染色阴性。

本菌为需氧或兼性厌氧菌。生长温度 10~42℃，最适温度 37℃；最适 pH 6.8~7.8；对营养要求不高，在普通培养基上能良好生长，24h 培养后，形成中等大小、圆形、表面光滑、无色透明、边缘不整齐的菌落，其菌落特征与大肠杆菌相似。

生化反应对沙门氏菌属细菌鉴别具有重要意义。其生化反应比较一致，但个别菌株特性存在差异。一般特性为发酵葡萄糖、麦芽糖、甘露醇、山梨醇产酸产气；对乳糖、蔗糖、侧金盏花醇不发酵；MR 反应阳性，靛基质反应、V-P 反应均为阴性；不分解尿素和对苯丙氨酸不脱酸。

三、样品的制备和处理

冻肉及其他加工食品均应经过前增菌。以无菌操作称取搅碎后的肉品 25g，置于灭菌的均质机内以 800~1000r/min 均质 1min，移入盛有 225mL 缓冲蛋白胨水（BPW）增菌液的 500mL 广口瓶内，混合均匀，于 34℃培养 4h（以增菌液达到 34℃时算起），进行前增菌。

鲜肉或其他未经加工的食品可以不必经过前增菌。取 25g（25mL）检样，加入 225mL 灭菌生理盐水，按前增菌法做成检样匀液。取一半接种于 100mL 氯化镁孔雀绿增菌液或四硫磺酸钠煌绿增菌液内，于 42℃下培养 24h；取另一半接种于 100mL 亚硒酸盐胱氨酸增菌液内，于 36℃下培养 18~24h。

知识拓展
- - - - - - - - - - - -

沙门氏菌的宿主主要是家畜、家禽和野生动物。它们可以在这些动物的胃肠道内繁殖。屠宰的猪、牛、羊等健康家畜，沙门氏菌带菌率为 1%~45%；患病动物的沙门氏菌的带菌率更高，如病猪的沙门氏菌检出率可达 70% 以上。家禽的带菌率也较高，一般在 30%~40%。如果家禽的卵巢带有沙门氏菌，可使卵黄染菌，因而所产的蛋也是带菌的。另外，禽蛋在经泄殖腔排出的过程中可使蛋壳染菌，并且蛋壳上所带的沙门氏菌有可能在存放期间侵入蛋壳内。

沙门氏菌食物中毒预防除加强一般食品卫生监测措施外，也应注意严格禁食病死畜禽，严格执行生、熟食品分开制度，禁止家畜、家禽进入到厨房或其他食品加工室，肉类蛋类应充分煮熟等。

▶ 课后思考

1. 沙门氏菌有哪些主要的生物学特征？
2. 沙门氏菌在三铁糖培养基上的反应结果如何？为什么？
3. 沙门氏菌检测有哪些基本的步骤？
4. 报告对检样进行沙门氏菌检测的检测结果，并评价其安全卫生状况。

项目 17 ▶

食品中金黄色葡萄球菌的检验（GB 4789.10—2010）

项目导入

葡萄球菌属是一群革兰氏阳性球菌，因常堆聚成葡萄串状，故名。它属于微球菌科，葡萄球菌广泛分布于自然界中，存在于土壤、空气、水、物品上、人和动物的皮肤以及与外界相同的腔道中。绝大多数是非致病菌，有些还构成人和动物皮肤、鼻腔、咽喉等部位的正常菌群；仅少数菌具有致病性，能引起人和动物各种化脓性疾病（组织中脓肿、创伤化脓性感染）等，严重时能引起败血症或脓毒败血症，是最常见的一种化脓性球菌。

食品受到葡萄球菌的污染，在适宜的条件下，该菌能产生肠毒素，引起人食物中毒。根据细菌分类法，将葡萄球菌归属于微球菌科，依据是否产生血浆凝固酶，是否分解甘露醇，有无 DNA 酶及脂酶等，将葡萄球菌分为金黄色葡萄球菌（S. aureus）、表皮葡萄球菌（S. epidermidis）和腐生葡萄球菌（S. saprophyticus）三种。金黄色葡萄球菌产生金黄色色素，凝固酶阳性，能分解甘露醇，具有很强致病性；表皮和腐生葡萄球菌产生白色或柠檬色色素，凝固酶阴性，不分解甘露醇，一般无致病性。

金黄色葡萄球菌在自然界中无处不在，空气、水、灰尘及人和动物的排泄物中都可找到。因而，食品受其污染的机会很多。近年来，美国疾病控制中心报告，由金黄色葡萄球菌引起的感染占第二位，仅次于大肠杆菌。金黄色葡萄球菌的流行病学一般有如下特点：多见于春夏季；中毒食品种类多，如乳、肉、蛋、鱼及其制品。此外，剩饭、油煎蛋、糯米糕及凉粉等引起的中毒事件也有报道。上呼吸道感染患者鼻腔带菌率83%，所以人畜化脓性感染部位常成为污染源。一般说，金黄色葡萄球菌可通过以下途径污染食品：食品加工人员、炊事员或销售人员带菌，造成食品污染；食品在加工前本身带菌，或在加工过程中受到了污染，产生了肠毒素，引起食物中毒；熟食制品包装不严，运输过程受到污染；奶牛患化脓性乳腺炎或禽畜局部化脓时，对肉体其他部位的污染。

食品中葡萄球菌的检验，应按 GB 4789.10—2010《食品微生物学检验 金黄色葡萄球菌检验》的有关内容进行。检验内容分为：①增菌和分离培养；②染色镜检；③生化鉴定。此外，还可以进行肠毒素的测定、血清学试验、噬菌体分型试验等。

材料与仪器

1. 仪器

冰箱、恒温培养箱、均质器、振荡器、电子天平、无菌锥形瓶、无菌吸管、无菌培养皿、无菌试管、pH 计或精密 pH 试纸。

2. 试剂

10%氯化钠胰酪胨大豆肉汤、7.5%氯化钠肉汤、血琼脂平板、Baird – Parker 琼脂平板、脑心浸出液肉汤（BHI）、兔血浆、磷酸盐缓冲液、营养琼脂小斜面、革兰氏染色液、无菌生理盐水。

实践操作

金黄色葡萄球菌检验流程见图 17 – 1。

（1）样品处理　无菌取 25g 或 25mL 食品样品，放入 225mL 7.5%NaCl 肉汤或 10%胰蛋白胨肉汤中均质。

（2）增菌培养　将稀释液置于 37℃培养 24h。

（3）分离培养　将上述稀释液或培养液分别划线血平板和 Baird – Parker 琼脂平板，置 37℃培养 24~48h。金黄色葡萄球菌在血平板上呈金黄或白色菌落，大而凸起，表面光滑，周围有溶血圈。在 Baird – Parker 平板上菌落为圆形，直径 2~3mm，颜色灰或黑色，周围有一浑浊带。

（4）染色观察　从平板上挑取可疑性菌落进行革兰氏染色，金黄色葡萄球菌为革兰氏阳性，显微镜下呈葡萄状排列，无芽孢、荚膜，直径 0.5~1μm。

（5）血浆凝固酶试验　吸取 0.5mL 兔血浆与 0.5mL 金黄色葡萄球菌肉浸液肉汤 24h 培养物充分混匀，置（36±1）℃培养，每隔半小时观察一次，连续观察 6h，出现凝固，即将小试管倾斜或倒置，内容物不流动，判为阳性。同时做

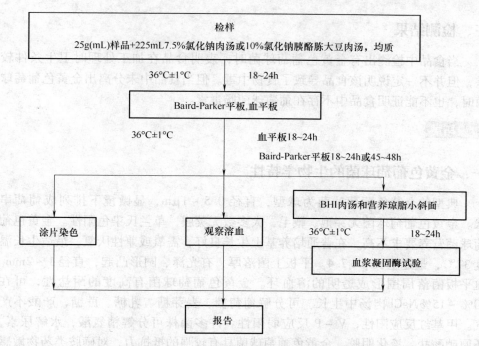

图 17 – 1　金黄色葡萄球菌检验流程图

阴阳性对照。

（6）结果判定，符合以上情况则为金黄色葡萄球菌。

问题探究

一、特征菌落的判定

分离纯化时，在 Baird – Parker 平板上挑取圆形、光滑、凸起、湿润、直径为 2~3mm，颜色呈灰色到黑色菌落，菌落周围有一浑浊带在其外层有一透明圈，偶尔也会有无浑浊带和透明圈的菌落。在血平板上菌落呈现金黄色（个别有白色），大而凸起，不透明，表面光滑，周围有溶血圈。

二、血浆凝固酶试验

血浆凝固酶试验可使用人血浆或兔血浆。用人血浆出现凝固的时间较短，大部分菌株在 1h 内出现凝固。而用兔血浆，大部分菌株可在 6h 内出现凝固。若被检测菌为陈旧的培养物，或生长不良，可能造成凝固酶活性低，出现假阴性。在试验时必须设定阳性（标准金黄色葡萄球菌）、阴性（白色葡萄球菌）和空白（肉汤）对照。

三、检测结果

当食品中检测出有金黄色葡萄球菌时，表明食品在加工处理时卫生条件较差，但并不一定说明该食品导致了食物中毒。但当食品中未分离出金黄色葡萄球菌时，也不能证明食品中不存在葡萄球菌肠毒素。

知识拓展

一、金黄色葡萄球菌的生物学特性

典型的金黄色葡萄球菌为球型，直径 0.5~1μm，显微镜下排列成葡萄串状。金黄色葡萄球菌无芽孢、鞭毛，大多数无荚膜，革兰氏染色阳性。金黄色葡萄球菌营养要求不高，在普通培养基上生长良好，需氧或兼性厌氧，最适生长温度37℃，最适生长 pH 7.4。平板上菌落厚、有光泽、圆形凸起，直径 1~2mm。血平板菌落周围形成透明的溶血环。金黄色葡萄球菌有高度的耐盐性，可在10%~15% NaCl 肉汤中生长。可分解葡萄糖、麦芽糖、乳糖、蔗糖，产酸不产气。甲基红反应阳性，V-P 反应弱阳性。许多菌株可分解精氨酸，水解尿素，还原硝酸盐，液化明胶。金黄色葡萄球菌具有较强的抵抗力，对磺胺类药物敏感性低，但对青霉素、红霉素等高度敏感。

二、预防金黄色葡萄球菌污染的措施

（1）防止金黄色葡萄球菌污染食品　防止带菌人群对各种食物的污染：定期对生产加工人员进行健康检查，患局部化脓性感染（如疖疮、手指化脓等）、上呼吸道感染（如鼻窦炎、化脓性肺炎、口腔疾病等）的人员要暂时停止其工作或调换岗位。

防止金黄色葡萄球菌对乳及其制品的污染：如牛乳厂要定期检查奶牛的乳房，不能挤用患化脓性乳腺炎的牛乳；乳挤出后，要迅速冷至 -10℃以下，以防毒素生成、细菌繁殖。乳制品要以消毒牛乳为原料，注意低温保存。

对肉制品加工厂，患局部化脓感染的禽、畜尸体应除去病变部位，经高温或其他适当方式处理后进行加工生产。

（2）防止金黄色葡萄球菌肠毒素的生成　应在低温和通风良好的条件下贮藏食物，以防肠毒素形成；在气温高的春夏季，食物置冷藏或通风阴凉地方也不应超过 6h，并且食用前要彻底加热。

实训项目拓展

金黄色葡萄球菌的检测程序见图 17-2。

（1）样品的稀释　固体和半固体样品：称取 25g 样品置盛有 225mL 磷酸盐

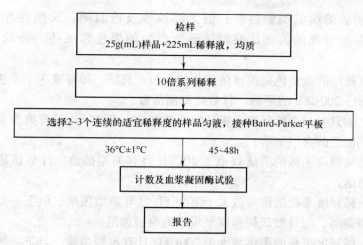

图 17 – 2　金黄色葡萄球菌的检测程序

缓冲液或生理盐水的无菌均质杯内，8000 ~ 10000r/min 均质 1 ~ 2min，或置盛有 225mL 稀释液的无菌均质袋中，用拍击式均质器拍打 1 ~ 2min，制成 1：10 的样品匀液。

　　液体样品：以无菌吸管吸取 25mL 样品置盛有 225mL 磷酸盐缓冲液或生理盐水的无菌锥形瓶（瓶内预置适当数量的无菌玻璃珠）中，充分混匀，制成 1：10 的样品匀液。

　　用 1mL 无菌吸管或微量移液器吸取 1：10 样品匀液 1mL，沿管壁缓慢注于盛有 9mL 稀释液的无菌试管中（注意吸管或吸头尖端不要触及稀释液面），振摇试管或换用 1 支 1mL 无菌吸管反复吹打使其混合均匀，制成 1：100 的样品匀液。依次制备 10 倍系列稀释样品匀液。每递增稀释一次，换用 1 次 1mL 无菌吸管或吸头。

　　（2）样品的接种　根据对样品污染状况的估计，选择 2 ~ 3 个适宜稀释度的样品匀液（液体样品可包括原液），在进行 10 倍递增稀释时，每个稀释度分别吸取 1mL 样品匀液以 0.3、0.3、0.4mL 接种量分别加入三块 Baird – Parker 平板，然后用无菌玻璃棒涂布整个平板，注意不要触及平板边缘。使用前，如 Baird – Parker 平板表面有水珠，可放在 25 ~ 50℃ 的培养箱里干燥，直到平板表面的水珠消失。

　　（3）涂布后，将平板静置 10min，如样液不易吸收，可将平板放在培养箱 36℃ ±1℃ 培养 1h；等样品匀液吸收后翻转平皿，倒置于培养箱，36℃ ±1℃ 培养 45 ~ 48h。

　　（4）典型菌落计数和确认　金黄色葡萄球菌在 Baird – Parker 平板上，菌落直径为 2 ~ 3mm，颜色呈灰色到黑色，边缘为淡色，周围为一浑浊带，在其外层有一透明圈。用接种针接触菌落有似奶油至树胶样的硬度，偶然会遇到非脂肪溶解的类似菌落；但无浑浊带及透明圈。长期保存的冷冻或干燥食品中所分离的菌落比典型菌落所产生的黑色较淡些，外观可能粗糙并干燥。

选择有典型的金黄色葡萄球菌菌落的平板，且同一稀释度3个平板所有菌落数合计在20～200CFU的平板，计数典型菌落数。

如果：①只有一个稀释度平板的菌落数在20～200CFU且有典型菌落，计数该稀释度平板上的典型菌落；

②最低稀释度平板的菌落数小于20CFU且有典型菌落，计数该稀释度平板上的典型菌落；

③某一稀释度平板的菌落数大于200CFU且有典型菌落，但下一稀释度平板上没有典型菌落，应计数该稀释度平板上的典型菌落；

④某一稀释度平板的菌落数大于200CFU且有典型菌落，且下一稀释度平板上有典型菌落，但其平板上的菌落数不在20～200CFU，应计数该稀释度平板上的典型菌落。

以上按公式（1）计算。

2个连续稀释度的平板菌落数均在20～200CFU，按公式（2）计算。

从典型菌落中任选5个菌落（小于5个全选），分别做血浆凝固酶试验。

（5）结果计算。

公式（1）：

$$T = AB/Cd$$

式中 　T——样品中金黄色葡萄球菌菌落数

　　　　A——某一稀释度典型菌落的总数

　　　　B——某一稀释度血浆凝固酶阳性的菌落数

　　　　C——某一稀释度用于血浆凝固酶试验的菌落数

　　　　d——稀释因子

公式（2）：

$$T = \frac{A_1 B_1 / C_1 + A_2 B_2 / C_2}{1.1d}$$

式中 　T——样品中金黄色葡萄球菌菌落数

　　　　A_1——第一稀释度（低稀释倍数）典型菌落的总数

　　　　A_2——第二稀释度（高稀释倍数）典型菌落的总数

　　　　B_1——第一稀释度（低稀释倍数）血浆凝固酶阳性的菌落数

　　　　B_2——第二稀释度（高稀释倍数）血浆凝固酶阳性的菌落数

　　　　C_1——第一稀释度（低稀释倍数）用于血浆凝固酶试验的菌落数

　　　　C_2——第二稀释度（高稀释倍数）用于血浆凝固酶试验的菌落数

1.1——计算系数

　　　d ——稀释因子（第一稀释度）

　　（6）根据 Baird – Parker 平板上金黄色葡萄球菌的典型菌落数，按上述公式计算，报告每 g（mL）样品中金黄色葡萄球菌数，以 CFU/g（mL）表示；如 T 值为 0，则以小于 1 乘以最低稀释倍数报告。

> ▶ **课后思考**
>
> 1. 金黄色葡萄球菌有哪些生物学特性？
> 2. 金黄色葡萄球菌在血平板和 Baird – Parker 平板上的菌落特征如何？
> 3. 鉴定金黄色葡萄球菌时为什么要进行染色试验？
> 4. 计数法中如何进行金黄色葡萄球菌的检测报告？

项目 18 ▶

食品中志贺氏菌的检验（GB 4789.5—2012）

项目导入

　　志贺氏菌属（*Shigella*）的细菌（通称为痢疾杆菌）是细菌性痢疾的病原菌，是一类能使人类和灵长类产生痢疾疾病的革兰氏阴性杆菌。志贺氏菌是日本志贺洁在 1898 年首次分离得到的，因此而得名。临床上能引起痢疾症状的病原生物很多，有志贺氏菌、沙门氏菌、变形杆菌、大肠杆菌等，还有阿米巴原虫、鞭毛虫以及病毒等均可引起人类痢疾，其中以志贺氏菌引起的细菌性痢疾最为常见。

　　志贺氏菌病常为食物暴发型或经水传播。和志贺氏菌病相关的食品包括生蔬菜、乳和乳制品、禽肉类、水果、面包制品等。志贺氏菌经常发现于人员大量集中的地方，如餐厅、食堂。食源性志贺氏菌流行的最主要原因是从事食品加工行业人员患菌痢或带菌者污染食品，食品接触人员个人卫生状况差。熟食品被污染后，存放在较高的温度下，志贺氏菌大量繁殖，食后引起中毒。

　　志贺氏菌是侵入性细菌，只需千个、百个，甚至几个就可能引起疾病发生，菌体进入体内后侵入空肠黏膜上皮细胞繁殖，个别菌株产生外毒素。菌体破坏后产生内毒素作用于肠壁，使通透性增高从而促进毒素吸收，继而作用于中枢神经系统及心血管系统，引起临床上一系列毒血症症状。毒素破坏肠壁黏膜和肠壁植物性神经，形成炎症、溃疡和肠道功能紊乱，呈典型的痢疾脓血便。志贺氏菌潜伏期一般为 10～20h，短者 6h，病人会出现剧烈的腹痛、呕吐及频繁的腹泻，并伴有水样便，便中混有血液，发热，体温高者可达 40℃以上，有的病人出现痉挛。因此，志贺氏菌成为食品中病原微生物检测的重要内容之一。

材料与仪器

1. 仪器

恒温培养箱、均质器、振荡器、电子天平、无菌锥形瓶、无菌吸管、无菌培养皿、无菌试管、pH 计或精密 pH 试纸、硝酸纤维素滤膜。

2. 试剂

CN 增菌液、HE 琼脂、SS 琼脂、麦康凯琼脂、伊红美蓝琼脂（EMB）、三铁糖琼脂（TSI）、葡萄糖半固体管、半固体管、葡萄糖铵琼脂、尿素琼脂（pH 7.2）、西蒙氏柠檬酸盐琼脂、氰化钾（KCN）培养基、氨基酸脱羧酶试验培养基、糖发酵管（棉子糖、甘露醇、甘油、七叶苷及水杨苷）、5% 乳糖发酵管、蛋白胨水、靛基质试剂、志贺氏菌属诊断血清等。

实践操作

志贺氏菌属的细菌是细菌性痢疾的病原菌。本菌属都能分解葡萄糖，产酸不产气。大多不发酵乳糖。靛基质产生不定，甲基红阳性，V－P 试验阴性，不分解尿素，不产生 H_2S。根据其反应可初步分类。志贺氏菌属有四个血清组，即 A、B、C、D。A 群：又称痢疾志贺氏菌（*Sh. dysenteriae*），通称志贺氏痢疾杆菌；B 群：又称福氏志贺氏菌（*Sh. flexneri*），通称福氏痢疾杆菌；C 群：又称鲍氏志贺氏菌（*Sh. boydii*），通称鲍氏痢疾杆菌；D 群：又称宋内氏志贺氏菌（*Sh. sonnei*），通称宋内氏痢疾杆菌。

志贺氏菌检测程序见图 18-1。

1. 增菌

以无菌操作取检样 25g（mL），加入装有灭菌 225mL 志贺氏菌增菌肉汤中，均质后（41.5±1）℃，厌氧培养 16～20h。

2. 分离

取增菌后的志贺氏增菌液分别划线接种于 XLD 琼脂平板和 MAC 琼脂平板或志贺氏菌显色培养基平板上，于（36±1）℃培养 20～24h，观察各个平板上生长的菌落形态。宋内氏志贺氏菌的单个菌落直径大于其他志贺氏菌。若出现的菌落不典型或菌落较小不易观察，则继续培养至 48h 再进行观察。志贺氏菌在不同选择性琼脂平板上的菌落特征见表 18-1。

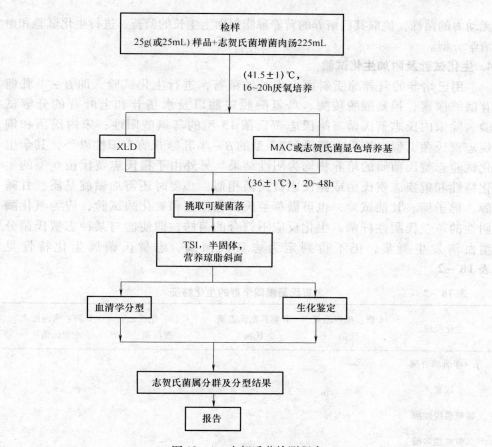

图 18 – 1　志贺氏菌检测程序

表 18 – 1　　　　　　志贺氏菌在不同选择性琼脂平板上的菌落特征

选择性琼脂平板	志贺氏菌的菌落特征
MAC 琼脂	无色至浅粉红色，半透明、光滑、湿润、圆形、边缘整齐或不齐
XLD 琼脂	粉红色至无色，半透明、光滑、湿润、圆形、边缘整齐或不齐
志贺氏菌显色培养基	按照显色培养基的说明进行判定

3. 初步生化试验

自选择性琼脂平板上分别挑取 2 个以上典型或可疑菌落，分别接种 TSI、半固体和营养琼脂斜面各一管，置（36±1）℃培养 20～24h，分别观察结果。

凡是三糖铁琼脂中斜面产碱、底层产酸（发酵葡萄糖，不发酵乳糖，蔗糖）、不产气（福氏志贺氏菌 6 型可产生少量气体）、不产硫化氢、半固体管中无动力的菌株，挑取其已培养的营养琼脂斜面上生长的菌苔，进行生化试验和血清学分型。

4. 生化试验及附加生化试验

用已培养的营养琼脂斜面上生长的菌苔，进行生化试验，即 β - 半乳糖苷酶、尿素、赖氨酸脱羧酶、鸟氨酸脱羧酶以及水杨苷和七叶苷的分解试验。除宋内氏志贺氏菌、鲍氏志贺氏菌 13 型的鸟氨酸阳性；宋内氏菌和痢疾志贺氏菌 1 型，鲍氏志贺氏菌 13 型的 β - 半乳糖苷酶为阳性以外，其余生化试验志贺氏菌属的培养物均为阴性结果。另外由于福氏志贺氏菌 6 型的生化特性和痢疾志贺氏菌或鲍氏志贺氏菌相似，必要时还需加做靛基质、甘露醇、棉子糖、甘油试验，也可做革兰氏染色检查和氧化酶试验，应为氧化酶阴性的革兰氏阴性杆菌。生化反应不符合的菌株，即使能与某种志贺氏菌分型血清发生凝集，仍不得判定为志贺氏菌属。志贺氏菌属生化特性见表 18 - 2。

表 18 - 2　　　　　　　　　志贺氏菌属四个群的生化特征

生化反应	A 群：痢疾志贺氏菌	B 群：福氏志贺氏菌	C 群：鲍氏志贺氏菌	D 群：宋内氏志贺氏菌
β - 半乳糖苷酶	- [1]	-	- [1]	+
尿素	-	-	-	-
赖氨酸脱羧酶	-	-	-	-
鸟氨酸脱羧酶	-	-	- [2]	+
水杨苷	-	-	-	-
七叶苷	-	-	-	-
靛基质	- / +	(+)	- / +	-
甘露醇	-	+ [3]	+	+
棉子糖	-	+	-	+
甘油	(+)		(+)	d

注：+ 表示阳性；- 表示阴性；- / + 表示多数阳性；(+) 表示迟缓阳性；d 表示有不同生化型。
[1] 痢疾志贺 1 型和鲍氏 13 型为阳性。
[2] 鲍氏 13 型为鸟氨酸阳性。
[3] 福氏 4 型和 6 型常见甘露醇阴性变种。

5. 血清学鉴定

志贺氏菌属主要有菌体（O）抗原。菌体 O 抗原又可分为型和群的特异性抗原。一般采用 1.2% ~ 1.5% 琼脂培养物作为玻片凝集试验用的抗原。

一般凝集反应，在玻片上划出 2 个约 1cm×2cm 的区域，挑取一环待测菌，各放 1/2 环于玻片上的每一区域上部，在其中一个区域下部加 1 滴抗血清，在另一区域下部加入 1 滴生理盐水，作为对照。再用无菌的接种环或针分别将两个区域内的菌落研成乳状液。将玻片倾斜摇动混合 1min，并对着黑色背景进行观察，如果抗血清中出现凝结成块的颗粒，而且生理盐水中没有发生自凝现象，那么凝集反应为阳性。如果生理盐水中出现凝集，视作为自凝。这时，应挑取同一培养基上的其他菌落继续进行试验。

6. 结果报告

综合以上生化试验和血清学鉴定的结果，报告 25g（mL）样品中检出或未检出志贺氏菌。

问题探究

一、志贺氏菌的生化特性

本属细菌为两侧平行、末端钝圆的短杆菌，（2~3）μm×（0.5~0.7）μm 与其他肠道杆菌相似。无荚膜，无鞭毛，不形成芽孢，革兰氏阴性，个别菌带有菌毛。对营养要求不高，在普通琼脂培养基上易于生长。需氧或兼性厌氧，但厌氧时生长不很旺盛。在 10~40℃ 范围内可生长，最适温度为 37℃ 左右。最适 pH 为 7.2。在固体培养基上，培养 18~24h 后，形成圆形、隆起、透明、直径 2~3mm、表面光滑、湿润、边缘整齐的菌落。

志贺氏菌属有四个血清组，即 A、B、C、D。

（1）A 群　又称痢疾志贺氏菌（*Sh. dysenteriae*），通称志贺氏痢疾杆菌。不发酵甘露醇。有 12 个血清型，其中 8 型又分为三个亚型。

（2）B 群　又称福氏志贺氏菌（*Sh. flexneri*），通称福氏痢疾杆菌。发酵甘露醇。有 15 个血清型（含亚型及变种），抗原构造复杂，有群抗原和型抗原。根据型抗原的不同，分为 6 型，又根据群抗原的不同将型分为亚型；X、Y 变种没有特异性抗原，仅有不同的群抗原。

（3）C 群　又称鲍氏志贺氏菌（*Sh. boydii*），通称鲍氏痢疾杆菌。发酵甘露醇，有 18 个血清型，各型间无交叉反应。

（4）D 群　又称宋内氏志贺氏菌（*Sh. sonnei*），通称宋内氏痢疾杆菌。发酵甘露醇，并迟缓发酵乳糖，一般需要 3~4d。只有一个血清型。有两个变异相，即 I 相和 II 相；I 相为 S 型，II 相为 R 型。

A 亚群一般不发酵甘露醇，除少数以外，一般不发酵乳糖、蔗糖和棉子糖。A 群从不发酵山梨醇和阿拉伯糖，由此可以与其他血清型相区别。

B 亚群细菌发酵甘露醇，不发酵乳糖，偶尔有迟缓发酵蔗糖的菌株。B 亚群中的 6 型又可分成鲍氏 –88、曼彻斯特、新城三个生化亚型。

C 亚群为发酵甘露醇产酸但不产气的菌株，不发酵乳糖、蔗糖、棉子糖。

D 亚群菌迟缓发酵乳糖，迅速发酵甘露醇、阿拉伯糖和鼠李糖，但不发酵卫矛醇和山梨醇。

二、致病菌检测的安全操作

微生物检验室通常要求高度清洁卫生，要尽可能地为其创造无菌条件，同时在致病菌的相关检测中，如不慎发生意外，不仅自身招致污染，而且可能造成病原微生物的传播，所以在检测中时刻遵循相关安全操作规范。

（1）可能产生致病微生物气溶胶或出现溅出的操作均应在生物安全柜（Ⅱ级生物安全柜为宜）或其他物理抑制设备中进行，并使用个体防护设备。

（2）当微生物的操作不可能在生物安全柜内进行而必须采取外部操作时，为防止感染性材料溅出或雾化危害，必须使用面部保护装置（护目镜、面罩、个体呼吸保护用品或其他防溅出保护设备）。

（3）在实验室中应穿着工作服或罩衫等防护服。离开实验室时，防护服必须脱下并留在实验室内。不得穿着外出，更不能携带回家。用过的工作服应先在实验室中消毒，然后统一洗涤或丢弃。

（4）当手可能接触感染材料、污染的表面或设备时应戴手套。如可能发生感染性材料的溢出或溅出，宜戴两副手套。不得戴着手套离开实验室。工作完全结束后方可除去手套。一次性手套不得清洗和再次使用。

（5）如有病原微生物污染桌面或地面，要立即用 3% 来苏水或 5% 石炭酸溶液，倾覆其上，30min 后才能抹去。

知识拓展

一、食品中致病菌检测的意义

病原菌是评价食品安全质量的极其重要而不可缺少的指标。食品中常见的致病菌有十多种，其中沙门氏菌（*Salmonella*）、志贺氏菌（*Shigella*）、致泻大肠埃希氏菌（*diarrheogenic Escherichia coli*）、副溶血性弧菌（*Vibrio parahaemolyticus*）、空肠弯曲菌（*Campylobacter jejuni*）、小肠结肠炎耶尔森氏菌（*Yersinia enterocolitica*）、金黄色葡萄球菌（*Staphylococcus aureus*）、溶血性链球菌（*Streptococcus hemolyticus*）、肉毒梭菌（*Clostridium botulinum*）、产气荚膜梭菌、蜡样芽孢杆菌均为被列入国家标准检验的致病菌。由于病原性微生物种类较多，在食品安全的常规检验中，不可能对所有的病原菌进行检验，加之污染食品的病原菌是不会太多的，同时考虑技术与设备的原因，食品中病原菌的检验，常根据不同食品的特点选择某种或某些病原菌作为检验的重点对象。例如蛋粉、冰冻禽类、肉类等，国家规定沙门氏菌是必须检验的重要对象；在某些特殊情况下或某些传染病流行疫区，应有重点地对有关病原菌进行检验。

现代研究表明，加工食品中能够存活的致病菌往往受到某种程度的损伤，它们会受到增菌液中抑制剂的影响而不能被检出，于是应在无抑制剂的培养基中进行增菌培养，以使致病菌恢复到正常状态。对可产生毒素的微生物，有时微生物已死亡，在食品中分离检验不出，但其所产生的毒素却没有遭到破坏，这时不能仅凭病原菌检验结果判断食品安全质量，必须结合其他理化指标检测结果综合分析。

二、常见食品病原微生物及危害

常见食品病原微生物及危害见表 18 - 3。

表 18 - 3　　　　　　　　常见食品病原微生物及危害

微生物名称	特点	易引起的病症及临床症状	污染环节
沙门氏菌	革兰氏阴性肠道杆菌，O 抗原为脂多糖，能耐 100℃达数小时，不被乙醇或 0.1%石炭酸破坏。h 抗原和 vi 抗原不稳定，经 60℃加热、石炭酸处理等易破坏或丢失	肠胃炎、伤寒和副伤寒	蛋、家禽和肉类产品
弯曲菌	微嗜氧革兰氏阴性杆菌，相对脆弱，对周围环境敏感，易为干燥、直射阳光及弱消毒剂等杀灭，58℃、5min 可杀死	发热、腹泻、呕吐和肌肉痛，很少发生死亡	生的和未煮熟的家禽，生的和巴氏杀菌不彻底的牛乳、蛋制品、生火腿，以及未经氯处理的水
肠出血性大肠杆菌 O157：H7	革兰氏阴性杆菌，可在 7～50℃的温度中生长，其最佳生长温度为 37℃。某些菌株可在 pH 达到 4.4 和最低水分活度（A_w）为 0.95 的食物中生长。通过烹调食物，使食物的所有部分至少达到 70℃以上时可杀灭该菌	腹部绞痛和腹泻，发烧和呕吐，一些病例可发展为血性腹泻以及溶血尿毒综合征，少数病人的染病可发展为危及生命	家畜和其他反刍动物；未经烹调或烹调不透的肉制品和原料乳；受粪便污染的水和其他食物以及食物制备期间的交叉污染（如受污染的厨房用具）
李斯特菌	革兰氏阳性杆菌，能在 2～42℃下生存（也有报道 0℃能缓慢生长），能在冰箱冷藏室内较长时间生长繁殖。酸性、碱性条件下都适应	健康成人个体出现轻微类似流感症状，新生儿、孕妇、免疫缺陷患者表现为呼吸急促、呕吐、出血性皮疹、化脓性结膜炎、发热、抽搐、昏迷、自然流产、脑膜炎、败血症直至死亡	存在于绝大多数食品中，如肉类、蛋类、禽类、海产品、乳制品、冰淇淋和蔬菜

续表

微生物名称	特点	易引起的病症及临床症状	污染环节
霍乱弧菌	革兰氏阴性菌，对热、干燥、日光、化学消毒剂和酸均很敏感，耐低温，耐碱。湿热55℃，15min；100℃，1~2min；水中加0.5mg/kg氯15min可被杀死。0.1%高锰酸钾浸泡蔬菜、水果可达到消毒目的。在正常胃酸中仅生存4min	曾在世界上引起多次大流行，主要表现为剧烈的呕吐，腹泻，脱水，死亡率很高	污染的水源或食物，包括米饭、蔬菜、米粥和各种类型海鲜都与霍乱暴发有关
朊病毒	小团的蛋白质，没有DNA或RNA进行复制，对各种理化作用具有很强的抵抗力，传染性极强	痴呆或神经错乱，视觉模糊，平衡障碍，肌肉收缩等。病人最终因精神错乱而死亡，即克雅氏症	被疯牛病污染了的牛肉、牛脊髓
致泻大肠埃希氏菌	革兰氏阴性无芽孢杆菌，包括产毒性大肠埃希氏杆菌和侵袭性大肠埃希氏杆菌。在卫生学上被作为卫生监督的指示菌	常见于夏季，病人体温呈不规则热型，38~40℃持续数天，每天腹泻10~20次，与霍乱基本相似，多有恶心呕吐，婴幼儿常出现惊厥	广泛分布于水、土壤和腐物中
志贺氏菌属	革兰氏阴性杆菌，理化因素的抵抗力较其他肠道杆菌为弱，一般56~60℃经10min即被杀死。在37℃水中存活20d，在冰块中存活96d，蝇肠内可存活9~10d，对化学消毒剂敏感，1%石炭酸15~30min死亡	是人类常见的肠道致病菌，引起细菌性痢疾。因该病菌常易出现耐药性和治疗不彻底，而导致慢性菌痢或带菌者传播，给该病的防治带来很大困难	传染源主要为病人和带菌者，通过污染了痢疾杆菌的食物、饮水等经口感染
变形杆菌	革兰氏阴性杆菌，广泛分布在自然界中，在20~40℃繁殖旺盛	发病多在夏秋两季，可引起多种感染。常见感染有呼吸道感染、腹泻、尿路感染、腹膜炎、中耳炎、乳突炎、心内膜炎、脑膜炎入败血症，还可引起食物中毒	主要以动物性食品为主，其次为豆制品和凉拌菜，及被污染食品在食用前未彻底加热
副溶血性弧菌	革兰氏阴性多形态杆菌或稍弯曲弧菌，分布极广的嗜盐性海洋微生物，存活能力强，在抹布和砧板上能生存1个月以上，海水中可存活47d。但对酸较敏感，当pH 6以下即不能生长	本病多在夏秋季发生于沿海地区，常造成集体发病，临床上以急性起病、腹痛、呕吐、腹泻及水样便为主要症状	污染主要来自海产品，如由于生食海产品或加工烹调不当或生熟交叉污染

续表

微生物名称	特点	易引起的病症及临床症状	污染环节
葡萄球菌	革兰氏阳性球菌，致病菌最适温度为37℃，pH 为 4.5～9.8，最适为7.4	侵袭性疾病主要引起化脓性炎症；毒性疾病由金黄色葡萄球菌产生的有关外毒素引起。中毒者先出现唾液分泌亢进，接着为恶心、呕吐、腹痛、水样腹泻、腹部痉挛，严重者则有血便或吐出物中夹有血液，还常发生头痛、肌肉痉挛、出汗、虚脱等症状。儿童对肠毒素比成人敏感，故儿童发病率较高，病情也比成人严重	加少量淀粉的肉馅、凉粉、剩饭、米酒、蛋及蛋制品、鱼、虾、乳及乳制冷饮（如棒冰等）、含乳糕点、糯米凉糕、熏鱼等
溶血性链球菌	革兰氏阳性球菌，在自然界广泛分布，抵抗力一般不强，60℃30min 即被杀死，对常用消毒剂敏感，在干燥尘埃中生存数月	可引起皮肤、皮下组织的化脓性炎症、呼吸道感染、流行性咽炎的爆发性流行以及新生儿败血症、细菌性心内膜炎、猩红热和风湿热、肾小球肾炎等变态反应	食品加工或销售人员口腔、鼻腔、手、面部有化脓性炎症时造成食品的污染；食品在加工前就已带菌、奶牛患化脓性乳腺炎或畜禽局部化脓时，其乳和肉尸某些部位污染；熟食制品因包装不善而使食品受到污染
蜡样芽孢杆菌	革兰氏阳性的需氧芽孢杆菌，与其他芽孢杆菌相同，它会产生防御性的内芽孢	中毒症状主要表现为两个方面：其一是以恶心、呕吐为主，并伴有头昏、发烧、四肢无力、结膜充血等症状，大多由剩米饭、油炒米饭所致；其二是以腹痛、腹泻为主，主要由腹泻毒素所致	错误的烹调方法造成细菌孢子残留在食物上，食物被不当冷冻而让孢子发芽，吃了冷藏不当而变质的剩饭是造成呕吐病症的最主要原因

▶ 课后思考

1. 报告对检样进行志贺氏菌的检验结果。
2. 志贺氏菌检验有哪些基本步骤?
3. 志贺氏菌在 HE 琼脂、伊红美蓝琼脂（EMB）平板上的菌落特征如何? 为什么?

第二课堂活动设计

选择市售某种食品，对其可能含有的致病菌情况进行调研及检测，完成调研和检测报告。

知识归纳整理

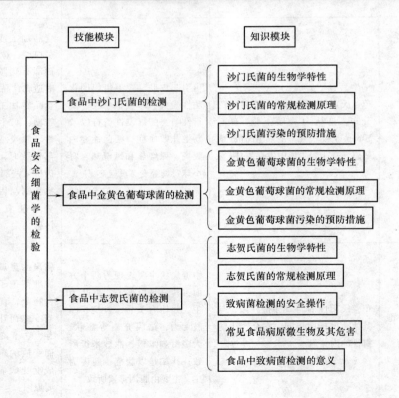

| 技能模块 | 知识模块 |

食品安全细菌学的检验
- 食品中沙门氏菌的检测
  - 沙门氏菌的生物学特性
  - 沙门氏菌的常规检测原理
  - 沙门氏菌污染的预防措施
- 食品中金黄色葡萄球菌的检测
  - 金黄色葡萄球菌的生物学特性
  - 金黄色葡萄球菌的常规检测原理
  - 金黄色葡萄球菌污染的预防措施
- 食品中志贺氏菌的检测
  - 志贺氏菌的生物学特性
  - 志贺氏菌的常规检测原理
  - 致病菌检测的安全操作
  - 常见食品病原微生物及其危害
  - 食品中致病菌检测的意义

模块六
其他微生物学的快速检测技术
[综合型工作任务]

● 了解微生物常见快速检测方法的原理及方法。

项目 19 ▶

食品中抗生素残留的检测（TTC 法检测牛乳中抗生素残留）

项目导入

为预防和治疗奶牛的乳房炎，常大量注射抗生素，如青霉素、链霉素、庆大霉素和卡那霉素等，这些抗生素会残留于牛乳中。为了保证饮用者的安全和实际生产的需要，对鲜乳中抗生素的残留进行检验是很有必要的。TTC 法是用来测定牛乳中是否有抗生素残留的较易方法。它是乳业现行国家标准中规定的检测方法，针对青霉素、链霉素、庆大霉素、卡那霉素四类抗生素。

材料与仪器

1. 试剂
嗜热链球菌、灭菌脱脂乳、4% 2，3，5 - 氯化三苯四氮唑（TTC）水溶液。
2. 仪器
水浴锅、培养箱、温度计、试管架、灭菌吸管、灭菌试管等。

实践操作

如果牛乳中有抗生素存在，当乳中加入菌种（嗜热链球菌）经培养后，菌种不增殖，此时加入的 TTC 指示剂不发生还原反应，所以仍呈无色状态；如果没有抗生素存在，则加入菌种即行增殖，TTC 还原变成红色，使样品染成红色。

鲜乳中抗生素残留量检测程序如图 19 – 1 所示。

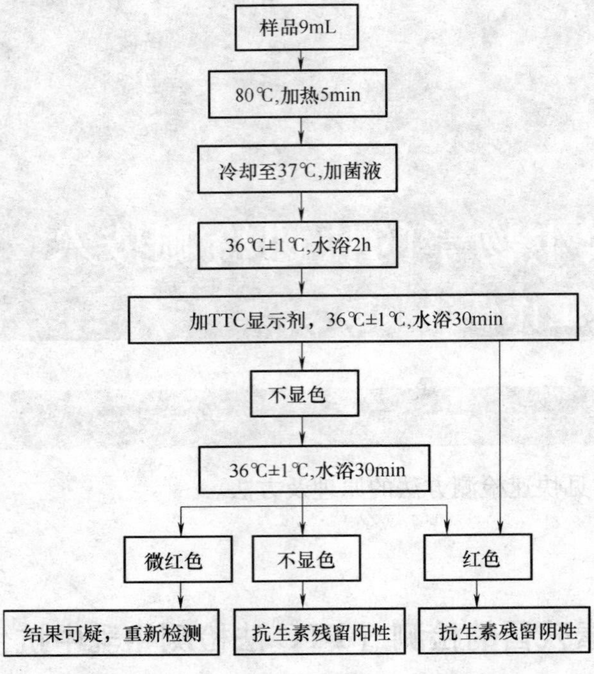

```
                    样品9mL
                       │
                 80℃,加热5min
                       │
            冷却至37℃,加菌液
                       │
            36℃±1℃,水浴2h
                       │
      加TTC显示剂，36℃±1℃,水浴30min ──────────────┐
                       │                          │
                    不显色                         │
                       │                          │
            36℃±1℃,水浴30min                      │
          ┌────────────┼────────────┐             │
        微红色        不显色         红色           │
          │            │            │             │
   结果可疑，重新检测  抗生素残留阳性  抗生素残留阴性
```

图 19 – 1　鲜乳中抗生素残留量检测程序

1. 活化菌种

取一接种环嗜热链球菌菌种，接种在 9mL 灭菌脱脂乳中，置 36℃ ±1℃恒温培养箱中培养 12 ~ 15h 后，置 2 ~ 5℃冰箱保存备用。每 15d 转种一次。

2. 测试菌液

将经过活化的嗜热链球菌菌种接种灭菌脱脂乳，36℃ ±1℃培养 15h ± 1h，加入相同体积的灭菌脱脂乳混匀稀释成为测试菌液。

3. 培养

取样品 9mL，置 18mm × 180mm 试管内，每份样品另外做一份平行样。同时再做阴性和阳性对照各一份，阳性对照管用 9mL 青霉素 G 参照溶液，阴性对照管用 9mL 灭菌脱脂乳。所有试管置 80℃ ±2℃水浴加热 5min，冷却至 37℃以下，加入测试菌液 1mL，轻轻旋转试管混匀。36℃ ±1℃水浴培养 2h，加 4% TTC 水溶液 0.3mL，在旋涡混匀器上混合 15s 或振动试管混匀。36℃ ±1℃水浴避光培养 30min，观察颜色变化。如果颜色没有变化，于水浴中继续避光培养 30min 作最终观察。观察时要迅速，避免光照过久出现干扰。

4. 判断方法

在白色背景前观察，试管中样品呈乳的原色时，指示乳中有抗生素存在，为阳性结果。试管中样品呈红色为阴性结果。如最终观察现象仍为可疑，建议重新检测。

5. 报告

最终观察时，样品变为红色，报告为抗生素残留阴性。样品依然呈乳的原色，报告为抗生素残留阳性。

本方法检测几种常见抗生素的最低检出限为：青霉素 0.004IU，链霉素 0.5IU，庆大霉素 0.4IU，卡那霉素 5IU。

6. 注意事项

培养基必须由经过试验没有抗生素的脱脂乳粉加水复制而成，或者经过测试没有抗生素的生乳、消毒乳经脱脂而成。

脱脂乳粉经分装后采用 55.2kPa、10min 间歇高压消毒 2 次，既减少营养损失又加强消毒效果。

接种处于对数生长期的嗜热链球菌，防止污染，以防影响试验。

问题探究

一、2，3，5—氯化三苯基四氮唑法（TTC）原理

细菌生物氧化有三种方式，即加氧、脱氢和脱电子，相反即还原。当乳中加入嗜热链球菌后，如乳中无抗生素，嗜热链球菌就生长繁殖，在新陈代谢过程中进行生物氧化，其中脱出的氢可以和加在乳中的氧化型 TTC 结合而成为还原型 TTC，氧化型 TTC 无色，还原型 TTC 红色，所以可使乳变成红色。相反，若乳中存在抗生素，嗜热链球菌就不能生长繁殖，没有氢释放，TTC 也不被还原，仍为无色。

二、TTC 法的特点

TTC 法比较简便、快速、无需特殊的设备，因地制宜，适合乳品厂、牧场及防疫站等采用，但是此法的灵敏度不够高，也无特异性，消毒剂能干扰试验结果，有学者建议加做乳糖发酵产气试验及酵母培养试验。

知识拓展

由于抗生素在畜牧业的广泛应用，动物源性食品不可避免地造成抗生素的残留。为了使食品中抗生素残留量符合 MRL（食品中各种抗生素最大残留量限制）的要求，寻找一个准确快速的抗生素检测方法就显得尤为重要。现有的检测方法除了微生物检测技术外，还有理化检测技术、免疫检测技术等。

理化检测技术包括高效液相色谱法、气相色谱法、质谱法以及联用波谱和色谱的联用技术等，其原理是利用抗生素分子中的基团所具有的特殊反应或是特殊性质来测定其含量。其中以高效液相色谱法和联用技术最为常用。理化检测技术虽然准确性高，灵敏度强，但是仪器成本太高。

酶联免疫分析法（ELISA）属于免疫分析检测抗生素方法中的免疫测定

（immunoassays，IAs），目前大部分的抗生素（磺胺二甲基嘧啶、氯霉素、沙拉沙星、链霉素、四环素、莫能菌素等）建立了免疫测定法。其工作原理是：利用在包被有偶联抗原的固相载体上加入待测抗原和一定量的抗体工作液，再加入酶标记抗抗体，形成间接竞争的关系，进行洗涤和显色后，测定吸光度值便可确定待测品中抗生素残留量。酶联免疫分析技术亲和力高、特异性强，但是操作过程中影响因素较多。

微生物检测法是应用较为广泛的方法，测定原理是根据抗生素对微生物的生理机能产生的抑制作用，来对抗生素进行定性、定量确定样品中抗微生物药物残留。我国现在检测动物源性食品尤其是牛乳中抗生素残留的标准方法是 TTC 法。

当然随着检测技术的发展，快速、便捷、有效的抗生素检测试剂盒的研究方法，也将成为检测抗生素残留的一个重要技术手段。

▶ **课后思考**

1. 用 TTC 法检测鲜牛乳中抗生素残留的原理是什么？简述其优缺点。
2. 简述影响 TTC 法检测的关键点。
3. 考虑是否有其他方法检测抗生素残留量？

项目20 ▶

食源性病原微生物生物学快速检测技术（PCR 法测定食品中沙门氏菌）

■ 项目导入

近年来食品微生物检测技术得到了很大的发展，正从传统的培养和生理生化的方法向快速的免疫学检测方法、分子生物学检测方法、自动化仪器检测方法、生物传感器检测方法方面发展。

相对于生化检测方法，分子生物学检测技术在食品微生物的检测中的应用更具有优势，其中，PCR 及其衍生技术使用范围最广。PCR 技术能使微量的核酸在数小时之内扩增至原来的数百万倍以上，只要选择适合的引物，就可特异性地大量扩增某一特定的 DNA 片段至易检测水平。因此理论上可以通过特异性地扩增致病菌的基因片段而对其实现准确快速的检测。

PCR 技术即多聚酶链式反应在食品中微生物的检测中发挥着重要作用，自从 1985 年成为基因工程中重要技术，也因其简单快捷的方法，在食品工程领域中致病性微生物、转基因食品的检测等方面的应用越来越受关注。随着科技的发展，检测也从定性检测发展到了定量检测，即检测从有没有到有多少。因此由普通 PCR 技术发展而衍生出许多特殊的 PCR 检测技术，如实时荧光定量 PCR、环介导 PCR 和免疫 PCR 等。

材料与仪器

1. 试剂

DNA 提取液（主要成分是 SDS，Tris，EDTA）；

10×PCR 缓冲液（其中 KCl：500mmol/L；Tris – HCl pH 8.3：100mmol/L；明胶 0.1%）；

PCR 反应液：含氯化镁（$MgCl_2$）的 PCR 缓冲液、dATP、dTTP、dCTP、dGTP、dUTP、Tag 酶、UNG 酶；

琼脂糖；

10×上样缓冲液：含 0.25% 溴酚蓝，0.25% 二甲苯青 FF，30% 甘油水溶液；

50×TAE 缓冲液：称取 484g Tris，量取 114.2mL 冰醋酸，200mL 0.5mol/L EDTA（pH：8.0），溶于水中，定容至 2L。分装后高压灭菌备用；

DNA 分子质量标记物（100~1000bp）；

Eppendorf 管和 PCR 反应管。

2. 仪器

PCR 仪、电泳装置、凝胶分析成像系统、PCR 超净工作台、高速台式离心机（12000r/min）。

微量可调移液器（2、10、100、1000μL）。

实践操作

检测程序：样品制备→选择性增菌肉汤或待鉴定的菌株→细菌 DNA 的提取→PCR 扩增→电泳和结果观察→报告。

操作步骤如下。

1. 样品制备、增菌和分离培养

参照 GB 4789.4—2010《食品安全国家标准　食品微生物学检验　沙门氏菌检验》中的方法进行。

2. 细菌模板 DNA 的提取

挑取可疑菌落，加入 50μL DNA 提取液，混匀后沸水浴 5min，12000r/min 离心 5min，取上清保存于 –20℃备用。

3. 引物序列设计

参照 SN/T 1869—2007《食品中多种致病菌快速检测方法　PCR 法》标准中推荐的引物序列合成。

4. 空白对照、阴性对照和阳性对照设置

空白对照设为以水代替 DNA 模板；

阴性对照采用非目标菌的 DNA 作为 PCR 反应的模板；

阳性对照采用含有检测序列的 DNA 作为 PCR 反应的模板。

5. PCR 反应体系与方法

PCR 反应体系为 $10 \times PCR$ 缓冲液 $2.5 \mu L$，dNTP $1.0 \mu L$，引物各 $1.0 \mu L$，模板 DNA $2.0 \mu L$，DNA 聚合酶 $0.5 \mu L$，ddH_2O 将体积调整到 $25 \mu L$。

PCR 反应条件为 94℃预变性 3min，94℃变性 1min，60℃退火 1min，72℃延伸 1min，35 个循环；72℃延伸 5min。

6. 电泳检测

取 $5 \mu L$ PCR 扩增产物，用浓度 2% 的琼脂糖凝胶进行检测，用 Marker 作参照，在电压 100V 条件下电泳 40min，利用凝胶成像系统观察电泳结果，284bp 处出现特异性扩增条带者为阳性，否则为阴性。

> **问题探究**

一、PCR 的测定原理

PCR 技术检测微生物的基本原理是将被检测微生物核酸序列，在 PCR 体系下经高温变性、低温退火、适温延伸三步循环将单个核酸分子序列以 2 的指数进行大量复制扩增。即在检测时，被检测微生物双链 DNA 序列在 94℃ 左右变性解链成双链，大约 55℃ 时，特异性引物与单链 DNA 结合，最后于 72℃ 左右在引物的引导延伸复制下扩增到微生物的目的 DNA 序列（见图 20-1）。以上三步进行循环扩增得到大量的被检测微生物目的 DNA 序列，最后一般在凝胶电泳下检测目的 DNA。理论上只要样品中有一个分子的微生物就可以在短时间内用 PCR 技术检测到。

二、PCR 测定的关键点

PCR 技术在食品检测的实际应用中表现出灵敏度高、速度快、特异性强、简便、高效等特点，为食品检测技术的发展提供了有力的技术支持。但是，PCR 技术在实际应用中也表现出一些缺陷，例如容易出现假阳性、假阴性，产物容易突变、不能检测致毒微生物产生的毒素等。由于食品样品的特殊性和 PCR 技术的特点，在检测过程中需注意以下两个方面：

（1）PCR 模板的制备　无论是提取微生物的核酸，还是直接处理食品样品，模板的制备都很重要，特别是直接处理样品时，食品中有很多 PCR 抑制因子，要尽可能地除去（包括 DNA 提取时蛋白和有机溶剂等的去除），这一步的好坏直接影响最终检测结果。

（2）污染问题　PCR 极易被污染，为避免 PCR 的污染问题，操作要非常规

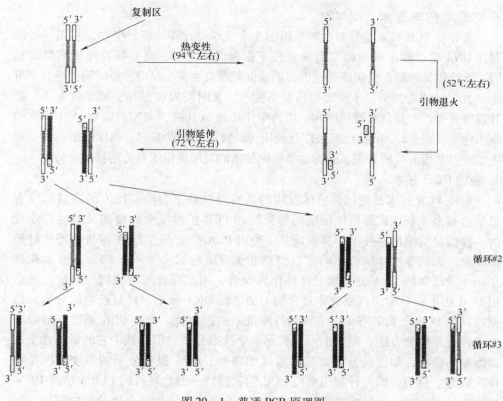

图 20-1 普通 PCR 原理图

范，保持环境清洁。

随着科技的发展，检测也从定性检测发展到了定量检测，即检测从有没有到有多少。因此由普通 PCR 技术发展而衍生出许多特殊的 PCR 检测技术，如实时荧光定量 PCR、环介导 PCR 技术和免疫 PCR 技术等。

1. 实时荧光定量 PCR

在许多情况下，特别是一些高致病性微生物，有很少的细胞足以使人致病，这就需要研究食品微生物细胞的数量对疾病产生的严重程度的影响。普通的 PCR 反应，分析的都是 PCR 终产物，而实时荧光定量 PCR 分析的是未经 PCR 信号放大之前的起始模板量，即通过对 PCR 扩增反应中每一循环产物荧光信号的实时检测，从而实现对起始模板的定量及定性分析。在实时荧光定量 PCR 反应中，引入了一种荧光化学物质，随着 PCR 反应进行，PCR 反应产物不断累积，荧光信号强度也等比例增加。每经过一个循环，收集一个荧光强度信号，就可以通过荧光强度变化监测产物量的变化。

2. 环介导 PCR 技术（LAMP）

环介导 PCR 技术是针对目的基因的 6 个区域设计 4 种特异引物，利用一种链置换 DNA 聚合酶在 60~65℃ 温度条件下保温几十分钟，高效特异地扩增目的基因，直接靠扩增副产物焦磷酸镁沉淀的浊度判断是否发生反应。短时间扩增效率可达到 10^9~10^{10} 个拷贝，不需要模板的热变性、长时间温度循环、繁琐的电泳、紫外观察等过程，并具有特异性和扩增效率比传统 PCR 高，与实时定量 PCR 同样的敏感性等优点。LAMP 法已经被广泛应用于动物胚胎性别鉴定、临床诊断、食品卫生检疫及基因芯片的开发，并为食品检测技术的发展提供了有力的技术支持。

3. 免疫 PCR 技术

免疫 PCR 技术是把抗原抗体反应的高特异性和聚合酶链反应的高敏感性有机结合起来，利用抗原抗体反应的特异性和 PCR 扩增反应的极高灵敏性而建立的一种微量抗原检测技术。其本质是一种以 PCR 扩增一段 DNA 报告分子代替酶反应来放大抗原抗体结合率的改良型酶联免疫吸附试验（ELISA）。其基本原理是用一段已知的 DNA 分子标记抗体作为探针，用此探针与待测抗原反应，然后用 PCR 法扩增黏附在抗原抗体复合物上的这段 DNA 分子，经凝胶电泳分析，根据特异性 PCR 产物的有无，来判断待测抗原是否存在。免疫 PCR 是迄今最敏感的一种抗原检测方法，理论上可以检测单个抗原分子，但实践中它的敏感性受许多因素的影响，如连接分子、显示系统的选择、DNA 报告分子的浓度、PCR 循环次数等。目前，国内外报道免疫 PCR 的敏感性一般比现行的 ELISA 法高 10^2~10^8 倍。由于 PCR 产物在抗原量未达到饱和前与抗原抗体复合物的量成正比，因此免疫 PCR 还可用于抗原的半定量试验。

> ▶ 课后思考
>
> 1. PCR 测定食品中致病菌的原理是什么？
> 2. 简述 PCR 检测的主要步骤。

项目21 ▶

食源性病原微生物免疫学快速检测技术（酶联免疫分析法测定黄曲霉毒素）

项目导入

酶联免疫分析法（ELISA）是一种免疫测定方法。利用抗原或抗体的固相化及抗原或抗体的酶标记，加入酶反应的底物后，底物被酶催化成为有色产物，产物的量与标本中受检物质的量直接相关，由此进行定性或定量分析。一般化学比色法的敏感度在 mg/mL 水平；酶反应测定法的敏感度约为 5～10μg/mL；标记的免疫测定敏感度可提高数千倍，达 ng/mL 水平。

　　抗原抗体反应是结合形成抗原抗体复合物的过程，是一种动态平衡，高亲和力抗体的抗原结合点与抗原的决定簇在空间构型上非常适合，两者结合牢固，不易解离。解离后的抗原或抗体均能保持原有的结构和活性。抗原抗体的结合发生在抗原的决定簇与抗体的结合位点之间。化学结构和空间构型互补关系具有高度的特异性，测定某一特定的物质，不需要先分离待检物。

　　在 ELISA 的测定中有三个必要的试剂：固相的抗原或抗体，即"免疫吸附剂"；酶标记的抗原或抗体，称为"结合物"；酶反应的底物。

材料与仪器

　　1. 试剂

　　黄曲霉毒素 B_1 标准液、抗黄曲霉毒素 B_1 的特异性单克隆抗体（或抗血清）、包被抗原（黄曲霉毒素 B_1 与载体蛋白的结合物）、酶标二抗（羊抗鼠免疫球蛋白 G 与辣根过氧化酶结合物）、四甲基联苯胺（TMB）、30% 的过氧化氢、吐温 20、牛血清清蛋白（BSA）、乙腈、包被缓冲液为 pH 9.6 的磷酸盐缓冲液、洗液为含 0.05% 吐温 20 的 pH 7.4 的磷酸盐缓冲液、底物缓冲液为 pH 5.0 的磷酸－柠檬酸缓冲液、终止液为 1mol/L 的硫酸。

　　2. 仪器

　　小型粉碎机、电动振荡器、酶标仪、恒温水浴锅、酶标微孔板、微量加样器及配套吸头等。

实践操作

1. 提取

　　称取 10g 粉碎的样品于锥形瓶中，用 50mL 乙腈－水（50＋50，体积比，用 2mol/L 碳酸盐缓冲液调 pH 至 8.0）进行提取，振摇 30min 后，滤纸过滤，滤液用含 0.1% BSA 的洗液稀释后，备用。

2. 包被微孔板

　　用包被抗原（包被缓冲液稀释至 10μg/mL）包被酶标微孔板，每孔 100μL。4℃过夜。

3. 抗体抗原反应

　　酶标微孔板用洗液洗 3 次，每次 3min 后，每孔加 50μL 系列标准毒素溶液或 50μL 样品提取液（检测样品），然后再加入 50μL 稀释抗体，置 37℃下保温 1.5h。

4. 封闭

　　已包被的酶标板用洗液洗 3 次，每次 3min 后，加封闭液封闭，200μL/孔，置37℃下保温1h。

5. 测定

酶标微孔板用洗液洗3次，每次3min后，每孔加100μL酶标二抗，置37℃下保温2h。酶标微孔板用上法洗后，每孔加100μL底物溶液（配制方法：10mg四甲基联苯胺溶于1mL二甲基甲酰胺中。取75μL四甲基联苯胺溶液，加入10mL底物缓冲液，加10μL30%过氧化氢溶液），37℃下保温30min后，用1mol/L硫酸终止反应。酶标仪490nm测出OD值。

6. 计算

$$黄曲霉毒素 B_1 浓度（ng/g）= C \times V_1/V_2 \times D \times 1/m$$

式中　C——酶标微孔板上所测得的黄曲霉毒素B_1的量（ng），根据标准曲线求得

　　　V_1——样品提取液的体积，mL

　　　V_2——滴加样液的体积，mL

　　　D——样液的总稀释倍数

　　　m——样品质量，g

7. 检测灵敏度

0.1～1ng/mL。

问题探究

操作过程的影响因素主要有以下几点：

加样时枪头避免接触孔内试剂，避免产生气泡、样液溅到孔壁或溅出微孔造成不必要的非特异性吸附或损失。混匀反应液时平握酶标板框，用另一只手的手指轻轻地敲打酶标板的边框，产生的微振使孔中的反应液混合均匀，或将酶标板水平放置在实验台上，手握板框，慢慢地作圆周运动。

洗板应确保每孔所加洗涤液量的均一，过多易溢出会造成污染；过少则达不到洗涤的效果，造成花板。洗板甩出酶标板孔中液体时要快而干脆，不可让孔中液体流到其他孔中或滞留在板中。使用吸水纸拍干并及时更换避免交叉污染。不可让反应的板孔干燥空置时间过长。

显色是酶催化无色的底物生成有色产物的温育反应。温度和时间力求准确。底物液受光照变色，应避光在暗处进行。

知识拓展

一、以免疫学方法建立的快速检测技术

1. 酶免疫测定技术

酶免疫测定（enzymeimmunoassay，EIA）根据抗原抗体反应是否需要分离结合的和游离的酶标记物而分为均相和非均相两种类型。非均相法较常用，包括液

相免疫测定法与固相免疫测定法。固相免疫测定法的代表技术是 ELISA。ELISA 的基础是抗原或抗体的固相化及抗原或抗体的酶标记。根据酶反应底物显色的深浅进行定性或定量分析。由于酶的催化效率很高，间接地放大了免疫反应的结果，使测定具有极高的灵敏度。在应用中一般采用商品化的试剂盒进行测定，其特点是将抗原或抗体制成固相制剂，在与标本中抗体或抗原反应后，只需经过固相的洗涤，就可以达到抗原抗体复合物与其他物质的分离，简化了操作步骤。抗体抗原反应所特有的专一性和敏感性使得食品在未经分离提取的情况下即可进行检测分析，对于被检细菌而言则不需要纯培养，只要存在于增菌培养基中即可检出，而一般的化学分析都必须经过分离提取、纯培养等复杂过程。近年来，ELISA 技术在食品安全性检测中正逐步得以推广应用，如食品中大肠杆菌、沙门氏菌、金黄色葡萄球菌、弯曲菌属的检测以及食品中天然毒性物、农药残留、食品成分和伪劣食品等方面的检测分析。

EIA 在微生物学领域中可用于病原的检测、抗体检测和细菌代谢产物的检测。EIA 具有高度的特异性和敏感性，几乎所有可溶性的抗体抗原反应系统均可检测。与放射免疫方法相比较，EIA 的标记试剂较稳定，且无放射性危害；与免疫荧光技术相比，EIA 敏感性高，不需特殊设备，结果观察简便。

2. 免疫荧光技术

免疫荧光技术是用荧光素标记的抗体检测抗原或抗体的免疫学标记技术，又称荧光抗体技术。所用的荧光素标记抗体通称为荧光抗体，免疫荧光技术在实际应用上主要有直接法和间接法。直接法是在检测样品上直接滴加已知特异性荧光标记的抗血清，经洗涤后在荧光显微镜下观察结果。间接法是在检样上滴加已知的细菌特异性抗体，待作用后经洗涤，再加入荧光标记的第二抗体。如研制成的抗沙门氏菌荧光抗体，用于 750 份食品样品的检测，结果表明与常规培养法符合率基本一致。免疫荧光直接法可清楚地观察抗原并用于定位标记观察。此技术的主要特点有特异性强、敏感性高、速度快。

3. 免疫印迹技术

免疫印迹（immunoblot）法分三个步骤：第一，SDS 聚丙烯酰胺凝胶电泳（SDS‑PAGE），将蛋白质抗原按分子大小和所带电荷的不同分成不同的区带；第二，电转移，目的是将凝胶中已分离的条带转移至硝酸纤维素膜上；第三，酶免疫定位，该步的意义是将前两步中已分离，但肉眼不能见到的抗原带显示出来。将印有蛋白抗原条带的硝酸纤维素膜依次与特异性抗体和酶标记的第二抗体反应后，再与能形成不溶性显色物的酶反应底物作用，最终使区带染色。本法综合了 SDS‑PAGE 的高分辨率及 ELISA 的高敏感性和高特异性，是一种有效的分析手段。

4. 免疫组织化学方法

免疫组织化学方法是应用免疫学中的抗原抗体反应，借助可见的标记物，在组织原位显示抗原或抗体的方法。常用的免疫组织化学方法有荧光免疫和酶免疫组化技术、金标免疫组织化学技术和免疫电镜，该技术特点是对细胞涂片、印片、组织切片进行处理和染色镜检。免疫组化技术弥补了上述血清学诊断方法的不足，使得在细胞或组织内检测病原微生物成分成为可能。对于在宿主组织液中微量表达或不表达抗原、抗体的微生物，免疫组化具有较好的辅助诊断价值。利用免疫组化技术，还能观察被侵犯组织致病微生物繁殖和对组织破坏情况。

二、食品微生物快速检测的意义和其他方法

食源性疾病是通过摄食进入人体内的各种致病因子引起的，具有感染性质或中毒性质的一类疾病。微生物引起的食源性疾病是影响食品安全的主要因素。食品安全检测技术是减少食源性疾病的基础，如何快速、准确地检测食品中微生物的残留成为食品安全检测问题的重中之重。传统的微生物检测方法是培养分离法，整个过程耗时、费力。如食品中菌落总数测定所采用的平板计数法至少需要24h才能获得结果，而致病菌的检测耗时则更长，包括前增菌、选择性增菌、镜检以及血清学验证等一系列的检测程序，需要 5 ~ 7d。繁琐的检测程序不仅占用了大量的检测资源，更重要的是冗长的检测周期既不利于生产者对食品的在线控制，也不利于监管部门对问题食品的快速反应。因此，加快食品微生物快速检测技术的应用推广，对防止食源性疾病的危害具有重要意义。

目前食品快速检测方法技术除了前文所提的 PCR 技术、ELISA 技术等，还有其他的检测技术。

1. 气相色谱法

气相色谱法的原理是将微生物细胞经过水解、甲醇分解、提取以及硅烷化、甲基化等衍生化处理后，使之分离尽可能多的化学组分供气相色谱仪进行分析。不同的微生物所得到的色谱图中，通常大多数的峰是共性的，只有少数的峰具有特征性，可被用来进行微生物鉴定。大量分析检测各种常见细菌、酵母菌、霉菌和其他微生物的组成成分，并建立微生物组分标准色谱图文库，储存计算机中，然后将待鉴定微生物的组分色谱图与标准图谱相比较，可迅速鉴定其种类。已被应用于分析检测各种常见细菌、酵母菌、霉菌等。

2. 生物传感器（biosensor）技术

传感器是能够感受一定的信号并将这种信号转换成信息处理系统便于接收和处理的信号（如电信号和光信号）的装置，它主要由信号感受器和信号转换器组成。生物传感器研究起源于20 世纪 60 年代，是以固定化的生物成分（酶、抗原、抗体、激素）或生物体本身（细胞、微生物、组织等）为敏感原件，与适当的能量转换器结合而成的器件。随着各门高新技术的发展，生物传感器的概念将不断修正和更新。近几年来，人们普遍较为关注"生物芯片"和"微芯片"在食源性致病菌等微生物的检测。在设计生物芯片时，可以在芯片上加上不同种类的抗体或者 DNA 分子，以便在同一个芯片上同时完成对沙门氏菌、李斯特菌、

大肠杆菌、葡萄球菌等的检测。

3. "干片"法

"干片"法是利用无毒的高分子材料做培养基载体，快速、定性和定量检测试纸和胶片的食品微生物检测方法，集现代化学、高分子科学、微生物学于一体，已经达到作为定量常规法的水平。对有些项目的测定，几乎可与标准方法相媲美。如在欧美各国备受青睐的"Petrimm"就是此法。3M 公司的 Perrifilm Plate 系列微生物测试片，可分别检测菌落总数、大肠菌群计数、霉菌和酵母计数。由 RCP Scientific Inc 公司开发上市的 Regdigel 系列，除上述项目外还有检测乳杆菌、沙门氏菌、葡萄球菌的产品。这两个系列的产品与传统检测方法之间的相关性非常好。由于其准确度和精确度高，可测定少量检品，不需要配制试剂，操作简便快速，易于消毒保存，便于运输，携带方便，价格低廉，可随时进行。加之无其他任何废液废物，大大减少或消除对环境的污染，故适用于实验室、生产现场和野外环境工作，可以使防疫工作人员随时取样检查，减轻劳动强度，提高检验质量。

4. 生物芯片技术

生物芯片是便携式生物化学分析器的核心技术，它是把生命科学研究中涉及的不连续的分析过程（如样品制备、化学反应和分析检测），利用微电子、微机械、化学、物理和计算机技术在固体芯片表面构建微流体分析单元和系统，使这一系列不连续的分析过程连续化、集成化、微型化。而生物芯片上集成的成千上万的密集排列的分子微阵列能在短时间内分析大量的生物分子，使人们快速准确地获取样品中的生物信息。通常情况下，生物芯片可以粗略地分为细胞芯片、蛋白质芯片和基因芯片。

基因芯片是将各种基因寡核苷酸点样于芯片表面，微生物样品 DNA 经 PCR 扩增后制备荧光标记探针，然后再与芯片上寡核苷酸点杂交，最后通过扫描仪定量和分析荧光分布模式来确定检测样品是否存在某些特异微生物。基因芯片技术理论上可以在一次实验中检出所有潜在的致病原，也可以用同一张芯片检测某一致病原的各种遗传学指标，检测的灵敏度、特异性和快速便捷性都很高，因而在致病原分析检测中有很好的发展前景。

5. 电阻抗技术

电阻抗技术是指细菌在培养基内生长繁殖的过程中，会使培养基中的大分子电惰性物质如碳水化合物、蛋白质和脂类等，代谢为具有电活性的小分子物质，如乳酸盐、醋酸盐等，这些离子态物质能增加培养基的导电性，使培养基的阻抗发生变化，通过检测培养基的电阻抗变化情况，即可判定细菌在培养基中的生长繁殖特性。该法已用于食品中细菌总数、大肠杆菌、沙门氏菌、酵母菌、霉菌和支原体的检测，具有高敏感性、特异性、快反应性和高度重复性等优点。

6. 微热量计技术

微热量计技术是通过测定细菌生长时热量的变化进行细菌的检出和鉴别。微生物在生长过程中产生热量，用微热量计测量产热量等数据，均存储于计算机中，经过适当信号上的数字模拟界面，在记录器上绘制成以产热量对比时间组成的热曲线图。根据这些实验所得的热曲线图，和已知细菌热曲线图直观比较，即对细菌进行鉴别。

随着生物技术的发展，食品微生物快速检测技术不断发展，除了以上介绍的几种方法外，还有放射测量法、自动旋转平板测数法、DNA 基因探针法等。世界500 强企业美国杜邦公司研制出的 BAX 全自动病原菌检测系统和全自动指纹鉴定系统，BAX 系统是全球第一台利用多聚酶链式反应技术的商品化仪器，能够快速、准确地检测原料、食品、饲料及环境样品中的目标菌，用于鉴定、鉴别微生物并给出其分子信息，可以追溯细菌污染源，在环境控制及流行病学调研中有强大功能。

▶ **课后思考**

1. 比较 ELISA 法与 PCR 法检测时的优缺点。
2. 致病菌的快速检测有哪几类主要方法？

第二课堂活动设计

设计方案，利用普通 PCR 法对鸡蛋中沙门氏菌进行检测。

知识归纳整理

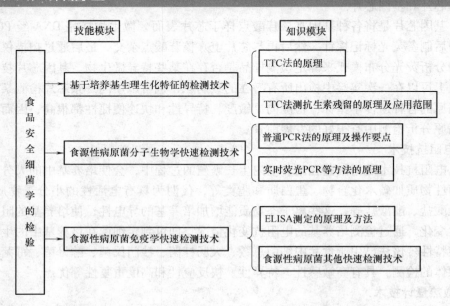

一、牛肉膏蛋白胨培养基——培养细菌

1. 成分

蛋白胨	10g	琼脂	15~20g
牛肉膏	3g	蒸馏水	1000mL
食盐	5g	pH	7.6~7.8

2. 制法

将以上成分混合，加热溶解，补足失水，调节 pH，在 121℃ 的温度下灭菌 30min。

二、马铃薯葡萄糖琼脂培养基（又称 PDA 培养基）——培养霉菌

1. 成分

马铃薯	200g	蒸馏水	1000mL
葡萄糖	20g	pH	自然
琼脂	15~20g		

2. 制法

取已削皮洗净的马铃薯 200g，切成 0.5cm^3 的小块，放入 1000mL 水中，煮沸 10min，用双层纱布滤去薯块，取其滤液补足水，加入葡萄糖和琼脂溶化，加水补足 1000mL 分装，于 121℃ 温度下灭菌 20min。

三、豆芽汁琼脂——培养酵母菌

1. 成分

大豆芽	100g	蒸馏水	1000mL
蔗糖	50g	pH	自然
琼脂	15~20g		

2. 制法

将豆芽洗净，放入 1000mL 水中煮沸半小时，用双层纱布过滤，得豆芽汁。该汁补足水量

加糖、琼脂搅拌溶解，补足失水，于121℃温度下灭菌20min。

四、察氏培养基——培养霉菌

1. 成分

$NaNO_3$	3g	蔗糖	30g
$FeSO_4 \cdot 7H_2O$	0.01g	琼脂	15g
K_2HPO_4	1g	蒸馏水	1000mL
$MgSO_4 \cdot 7H_2O$	0.5g	pH	自然
KCl	0.5g		

2. 制法

加入上述诸成分，溶解混匀，将琼脂溶于水中，加热溶化后分装，于121℃温度下灭菌20min。

为了适用于高渗透压霉菌（如灰绿曲霉等）的培养，可制成高渗察氏培养基；如将蔗糖量增为200g、400g或600g，即为高糖察氏培养基；若在标准察氏培养基中另加30g、60g或120g NaCl则为高盐察氏培养基。

五、高氏Ⅰ号培养基——培养放线菌

1. 成分

可溶性淀粉	20g	$FeSO_4 \cdot 7H_2O$	0.01g
KNO_3	1g	琼脂	15~20g
NaCl	0.5g	蒸馏水	1000mL
K_2HPO_4	0.5g	pH	7.2~7.4
$MgSO_4 \cdot 7H_2O$	0.5g		

2. 制法

将淀粉置于少量冷水中调成糊状，再加少量水搅拌，加热至溶解。然后依次加入药品，待药品完全溶解后，补充所失水分，调节pH至7.4，于121℃温度下灭菌20min。

六、孟加拉红培养基

1. 成分

葡萄糖	10g	孟加拉红	0.033g
蛋白胨	5g	氯霉素	0.1g
$K_2HPO_4 \cdot 3H_2O$	1g	琼脂	20g
$MgSO_4 \cdot 7H_2O$	0.5g	蒸馏水	1000mL

2. 制法

上述各成分加入蒸馏水中，加热溶化，补足蒸馏水至1000mL，分装后，121℃灭菌20min。倾注平板前，用少量乙醇溶解氯霉素加入培养基中。

七、明胶液化培养基

1. 成分

蛋白胨	1g	KH_2PO_4	0.5g
氯化钠	5g	K_2HPO_4	0.5g
牛肉膏	5g	蒸馏水	1000mL
葡萄糖	1g	pH	7.2~7.4
明胶	12~18g		

2. 制法

将上述成分依次溶解于1000mL水中，调节pH 7.2~7.4，在121℃下灭菌15min。

八、淀粉培养基

1. 成分

蛋白胨	10g	琼脂	20g
NaCl	5g	蒸馏水	1000mL
牛肉膏	5g	pH	7.2~7.4
可溶性淀粉	2g		

2. 制法

将上述成分依次溶解于1000mL水中，调节pH 7.2~7.4，在121℃下灭菌20min。

九、蛋白胨水培养基

1. 成分

蛋白胨	10g	蒸馏水	1000mL
NaCl	5g	pH	7.6

2. 制法

将上述成分依次溶解于1000mL水中，调节pH，在121℃下灭菌20min。

十、糖发酵培养基

1. 成分

蛋白胨水培养基	1000mL	pH	7.6

1.6%溴甲酚紫乙醇溶液　1~2mL

另配20%糖溶液（葡萄糖、乳糖、蔗糖等）各10mL。

2. 制法

将上述含指示剂的蛋白胨水培养基分装于试管，在每管内放一倒置的小玻璃管，使充满培养液。将已分装好的蛋白胨水和20%的各种糖溶液分别灭菌，蛋白胨水溶液121℃下灭菌20min；糖溶液112℃下灭菌30min。灭菌后，每管以无菌操作分别加入20%的无菌糖溶液0.5mL（按每10mL培养基中加入20%的糖液0.5mL，则成1%的浓度）。配制用的试管必须洗干净，避免结果混乱。

十一、平板计数琼脂培养基（PCA）——用于菌落总数测定

1. 成分

胰蛋白胨	5g	琼脂	15g
酵母浸膏	2.5g	蒸馏水	1000mL
葡萄糖	1.0g	pH	7.0

2. 制法

将上述成分依次溶解于1000mL水中，调节pH，在121℃下灭菌15min。

十二、月桂基硫酸盐胰蛋白胨（LST）肉汤

1. 成分

胰蛋白胨或胰酪胨	20g	KH_2PO_4	2.75g
NaCl	5g	蒸馏水	1000mL
乳糖	5g	pH	6.8
K_2HPO_4	2.75g		

2. 制法

将上述成分溶解于1000mL水中，调节pH，分装到有玻璃小倒管的试管中，每管10mL。在121℃下灭菌15min。

十三、煌绿乳糖胆盐（BGLB）肉汤

1. 成分

蛋白胨	10g	0.1%煌绿水溶液	13.3mL
乳糖	10g	蒸馏水	800mL
牛胆粉（oxgall 或 oxbile）溶液	200mL	pH	7.2

2. 制法

将蛋白胨、乳糖溶于约500mL蒸馏水中，加入牛胆粉溶液200mL（将20.0g脱水牛胆粉溶于200mL蒸馏水中，调节pH至7.0～7.5），用蒸馏水稀释到975mL，调节pH，再加入0.1%煌绿水溶液13.3mL，用蒸馏水补足到1000mL，用棉花过滤后，分装到有玻璃小倒管的试管中，每管10mL。121℃高压灭菌15min。

十四、结晶紫中性红胆盐琼脂（VRBA）——用于大肠菌群平板计数

1. 成分

蛋白胨	7g	中性红	0.03g
酵母膏	3g	结晶紫	0.002g
乳糖	10g	琼脂	15～18g
NaCl	5g	蒸馏水	1000mL
胆盐或 3 号胆盐	1.5g	pH	7.4

2. 制法

将上述成分溶于蒸馏水中，静置几分钟，充分搅拌，调节 pH。煮沸 2min，将培养基冷却至 45~50℃倾注平板。使用前临时制备，不得超过 3h。

十五、缓冲蛋白胨水（BPW）

1. 成分

蛋白胨	10g	KH_2PO_4	1.5g
NaCl	5g	蒸馏水	1000mL
$Na_2HPO_4 \cdot 12H_2O$	9g	pH	7.2

2. 制法

将各成分加入蒸馏水中，搅混均匀，静置约 10min，煮沸溶解，调节 pH，高压灭菌 121℃，15min。

十六、四硫磺酸钠煌绿（TTB）增菌液

1. 成分

基础液

蛋白胨	10g	碳酸钙	45g
牛肉膏	5g	蒸馏水	1000mL
NaCl	3g	pH	7.0

除碳酸钙外，将各成分加入蒸馏水中，煮沸溶解，再加入碳酸钙，调节 pH，高压灭菌 121℃，20min。

硫代硫酸钠溶液

$Na_2S_2O_3 \cdot 5H_2O$	50g	蒸馏水	加至 100mL

高压灭菌 121℃，20min。

碘溶液

碘片	20g	蒸馏水	加至 100mL
碘化钾	25g		

将碘化钾充分溶解于少量的蒸馏水中，再投入碘片，振摇玻瓶至碘片全部溶解为止，然后加蒸馏水至规定的总量，贮存于棕色瓶内，塞紧瓶盖备用。

0.5%煌绿水溶液

煌绿	0.5g	蒸馏水	100mL

溶解后，存放暗处，不少于 1d，使其自然灭菌。

牛胆盐溶液

牛胆盐	10g	蒸馏水	100mL

加热煮沸至完全溶解，高压灭菌 121℃，20min。

2. 制法

基础液	900mL	煌绿水溶液	2mL
硫代硫酸钠溶液	100mL	牛胆盐溶液	50mL
碘溶液	20mL		

临用前，按上列顺序，以无菌操作依次加入基础液中，每加入一种成分，均应摇匀后再加入另一种成分。

十七、亚硒酸盐胱氨酸（SC）增菌液

1. 成分

蛋白胨	5g	L–胱氨酸	0.01g
乳糖	4g	蒸馏水	1000mL
Na_2HPO_4	10g	pH	7.0
$NaHSeO_3$	4g		

2. 制法

除亚硒酸氢钠和L–胱氨酸外，将各成分加入蒸馏水中，煮沸溶解，冷至55℃以下，以无菌操作加入亚硒酸氢钠和1g/L L–胱氨酸溶液10mL（称取0.1g L–胱氨酸，加1mol/L氢氧化钠溶液15mL，使溶解，再加无菌蒸馏水至100mL即成，如为DL–胱氨酸，用量应加倍）。摇匀，调节pH。

十八、亚硫酸铋（BS）琼脂

1. 成分

蛋白胨	10g	柠檬酸铋铵	2g
牛肉膏	5g	Na_2SO_3	6g
葡萄糖	5g	琼脂	18~20g
$FeSO_4$	0.3g	蒸馏水	1000mL
Na_2HPO_4	4g	pH	7.5
煌绿0.025g 或 5.0g/L 水溶液	5.0mL		

2. 制法

将前三种成分加入300mL蒸馏水（制作基础液），硫酸亚铁和磷酸氢二钠分别加入20mL和30mL蒸馏水中，柠檬酸铋铵和亚硫酸钠分别加入另一20mL和30mL蒸馏水中，琼脂加入600mL蒸馏水中。然后分别搅拌均匀，煮沸溶解。冷至80℃左右时，先将硫酸亚铁和磷酸氢二钠混匀，倒入基础液中，混匀。将柠檬酸铋铵和亚硫酸钠混匀，倒入基础液中，再混匀。调节pH，随即倾入琼脂液中，混合均匀，冷至50~55℃。加入煌绿溶液，充分混匀后立即倾注平皿。

十九、HE 琼脂

1. 成分

蛋白胨	12g	琼脂	18~20g
牛肉膏	3g	蒸馏水	1000mL
乳糖	12g	0.4%溴麝香草酚蓝溶液	16mL
蔗糖	12g	Andrade 指示剂	20mL
水杨素	2g	甲液	20mL
胆盐	20g	乙液	20mL
NaCl	5g	pH	7.5

2. 制法

将前面七种成分溶解于400mL蒸馏水内作为基础液；将琼脂加入600mL蒸馏水内。然后分别搅拌均匀，煮沸溶解。加入甲液和乙液于基础液内，调节pH。再加入指示剂，并与琼脂液合并，待冷至50～55℃倾注平皿。

甲液的配制

$Na_2S_2O_3$	34g	蒸馏水	100mL
柠檬酸铁铵	4g		

乙液的配制

去氧胆酸钠	10g	蒸馏水	100mL

Andrade指示剂

酸性复红	0.5g	蒸馏水	100mL
1mol/L NaCl溶液	16mL		

将复红溶解于蒸馏水中，加入氢氧化钠溶液。数小时后如复红褪色不全，再加氢氧化钠溶液1～2mL。

二十、木糖赖氨酸脱氧胆盐（XLD）琼脂

1. 成分

酵母膏	3g	$Na_2S_2O_3$	6.8g
L-赖氨酸	5g	NaCl	5g
木糖	3.75g	琼脂	15g
乳糖	7.5g	酚红	0.08g
蔗糖	7.5g	蒸馏水	1000mL
去氧胆酸钠	2.5g	pH	7.4
柠檬酸铁铵	0.8g		

2. 制法

除酚红和琼脂外，将其他成分加入400mL蒸馏水中，煮沸溶解，调节pH。另将琼脂加入600mL蒸馏水中，煮沸溶解。将上述两溶液混合均匀后，再加入指示剂，待冷至50～55℃倾注平皿。

二十一、三糖铁（TSI）琼脂

1. 成分

蛋白胨	20g	酚红0.25g或5.0g/L溶液	5.0mL
牛肉膏	5g	NaCl	5.0g
乳糖	10g	$Na_2S_2O_3$	0.2g
蔗糖	10g	琼脂	12g
葡萄糖	1g	蒸馏水	1000mL
硫酸亚铁铵（含6个结晶水）	0.2g	pH	7.4

2. 制法

除酚红和琼脂外，将其他成分加入400mL蒸馏水中，煮沸溶解，调节pH。另将琼脂加

入600mL蒸馏水中，煮沸溶解。将上述两溶液混合均匀后，再加入指示剂，混匀，分装试管，每管约2～4mL，高压灭菌121℃ 10min 或115℃ 15min，灭菌后置成高层斜面，呈橘红色。

二十二、尿素琼脂

1. 成分

蛋白胨	1g	琼脂	20g
NaCl	5g	蒸馏水	1000mL
葡萄糖	1g	20%尿素溶液	100mL
KH_2PO_4	2g	pH	7.2
0.4%酚红	3mL		

2. 制法

除尿素、琼脂和酚红外，将其他成分加入400mL蒸馏水中，煮沸溶解，调节pH。另将琼脂加入600mL蒸馏水中，煮沸溶解。将上述两溶液混合均匀后，再加入指示剂后分装，121℃高压灭菌15min。冷至50～55℃，加入经除菌过滤的尿素溶液。尿素的最终浓度为2%。分装于无菌试管内，放成斜面备用。

二十三、氰化钾（KCN）培养基

1. 成分

蛋白胨	10g	Na_2HPO_4	5.64g
NaCl	5g	蒸馏水	1000mL
KH_2PO_4	0.225g	0.5% KCN	20mL

2. 制法

将除氰化钾以外的成分加入蒸馏水中，煮沸溶解，分装后121℃高压灭菌15min。放在冰箱内使其充分冷却。每100mL培养基加入0.5%氰化钾溶液2.0mL（最后浓度为1:10000），分装于无菌试管内，每管约4mL，立刻用无菌橡皮塞塞紧，放在4℃冰箱内，至少可保存两个月。同时，将不加氰化钾的培养基作为对照培养基，分装试管备用。

注：氰化钾是剧毒药，使用时应小心，切勿沾染，以免中毒。夏天分装培养基应在冰箱内进行。试验失败的主要原因是封口不严，氰化钾逐渐分解，产生氢氰酸气体逸出，以致药物浓度降低，细菌生长，因而造成假阳性反应。试验时对每一环节都要特别注意。

二十四、赖氨酸脱羧酶试验培养基

1. 成分

蛋白胨	5g	1.6%溴甲酚紫－乙醇溶液	1mL
酵母浸膏	3g	L－赖氨酸或DL－赖氨酸	0.5g/100mL 或 1.0g/100mL
葡萄糖	1g	pH	6.8
蒸馏水	1000mL		

2. 制法

除赖氨酸以外的成分加热溶解后，分装每瓶 100mL，分别加入赖氨酸。L - 赖氨酸按 0.5% 加入，DL - 赖氨酸按 1% 加入。调节 pH。对照培养基不加赖氨酸。分装于无菌的小试管内，每管 0.5mL，上面滴加一层液体石蜡，115℃高压灭菌 10min。

二十五、伊红美蓝琼脂（又称 EMB 琼脂）——常用于肠道致病菌的分离

1. 成分

pH 7.6 牛肉膏蛋白胨培养基 100mL

乳糖	1g	0.5% 美蓝溶液	1mL
2% 伊红溶液	2mL		

2. 制法

在营养琼脂内加入乳糖，加热溶化，冷至 50℃，加入经过高压灭菌的伊红溶液及美蓝溶液，摇匀后倾注平板。

二十六、麦康凯琼脂培养基——用于分离肠道致病菌

1. 成分

蛋白胨	17g	蒸馏水	1000mL
猪胆盐（或牛、羊胆盐）	5g	乳糖	10g
际胨	3g	0.01% 结晶紫水溶液	10mL
NaCl	5g	0.5% 中性红水溶液	5mL
琼脂	17g		

2. 制法

将蛋白胨、际胨、胆盐和 NaCl 溶解于蒸馏水中，校正 pH 7.2，加入琼脂加热溶解，过滤，分装每瓶 100mL，121℃灭菌 15min 备用。取上述琼脂培养基 100mL 加入乳糖 1g，加热溶化，冷至 50℃加入已灭菌的 0.01% 结晶紫水溶液 1mL，0.5% 中性红水溶液 0.5mL，摇匀倾注平板。

二十七、MRS 培养基

1. 成分

蛋白胨	10g	乙酸钠	5g
牛肉粉	5g	柠檬酸三铵	2g
酵母粉	4g	$MgSO_4$	0.2g
葡萄糖	20g	$MnSO_4$	0.05g
吐温 80	1mL	琼脂粉	15g
K_2HPO_4	2g	蒸馏水	1000mL

2. 制法

将上述成分加入蒸馏水中，加热溶解，校正 pH 6.2，分装后 121℃高压灭菌 15～20min。

二十八、MC 培养基

1. 成分

大豆蛋白胨	5g	$CaCO_3$	10g
牛肉粉	3g	琼脂	15g
酵母粉	3g	蒸馏水	1000mL
葡萄糖	20g	1% 中性红溶液	5mL
乳糖	20g		

2. 制法

将前面 7 种成分加入蒸馏水中，加热溶解，校正 pH 6.0，加入中性红溶液。分装后 121℃ 高压灭菌 15～20min。

二十九、血琼脂平板

1. 成分

豆粉琼脂（pH 7.4～7.6)100mL		脱纤维羊血（或兔血） 5～10mL

2. 制法

加热熔化琼脂，冷却至 50℃，以无菌操作加入脱纤维羊血，摇匀，倾注平板。

三十、Baird – Parker 琼脂平板

1. 成分

胰蛋白胨	10g	$LiCl \cdot 6H_2O$	5g
牛肉膏	5g	琼脂	20g
酵母膏	1g	蒸馏水	950mL
丙酮酸钠	10g	pH	7.0
甘氨酸	12g		

2. 增菌剂的配法

30% 卵黄盐水 50mL 与经过除菌过滤的 1% 亚碲酸钾溶液 10mL 混合，保存于冰箱内。

3. 制法

将各成分加到蒸馏水中，加热煮沸至完全溶解，调节 pH。分装每瓶 95mL，121℃ 高压灭菌 15min。临用时加热熔化琼脂，冷至 50℃，每 95mL 加入预热至 50℃ 的卵黄亚碲酸钾增菌剂 5mL 摇匀后倾注平板。使用前在冰箱储存不得超过 48h。

三十一、脑心浸出液肉汤（BHI）

1. 成分

胰蛋白胨	10g	葡萄糖	2g
NaCl	5g	牛心浸出液	500mL
$Na_2HPO_4 \cdot 12H_2O$	2.5g	pH	7.4

2. 制法

加热溶解，调节 pH，分装 16mm×160mm 试管，每管 5mL，置 121℃，15min 灭菌。

三十二、GN 增菌液——主要用于增殖粪便中的沙门氏菌和志贺氏菌

1. 成分

胰蛋白胨	20g	K_2HPO_4	4g
葡萄糖	1g	KH_2PO_4	1.5g
甘露醇	2g	NaCl	5g
柠檬酸钠	5g	蒸馏水	1000mL
去氧胆酸钠	0.5g	pH	7.0

2. 制法

按上述成分配好，分装，每管 5mL，于 115℃灭菌 20min，保存于冰箱中备用。

三十三、SS 琼脂——常用于沙门氏菌和志贺氏菌的培养

1. 成分

眎蛋白胨	5g	牛肉膏	5g
乳糖	10g	琼脂	17~20g
胆盐	8.5~10g	0.5% 中性红水溶液	4.5mL
柠檬酸钠	8.5g	0.1%煌绿溶液	0.33mL
$Na_2S_2O_3$	8.5~10g	蒸馏水	1000mL
柠檬酸铁	1g		

2. 制法

除中性红和煌绿溶液外，将其他成分混合于 1000mL 水中，煮沸溶解；校正 pH 7.1，然后加入中性红及煌绿，充分摇匀，再在火焰上煮沸 1~2 次；用牛皮纸包好瓶口，冷至 55℃左右即可倾注灭菌平皿，凝固后，存于暗处备用。

附录二
染色液的配制

一、吕氏碱性美蓝染液

A 液：	美蓝	0.6g
	95% 酒精	30mL
B 液：	KOH	0.01g
	蒸馏水	100mL

分别配制 A 液和 B 液，配好后混合即可。

二、石炭酸复红染色液

A 液：	碱性复红	0.3g
	95% 酒精	10mL
B 液：	石炭酸	5.0g
	蒸馏水	95mL

将碱性复红在研钵中研磨后，逐渐加入 95% 酒精，继续研磨使其溶解，配成 A 液。将石炭酸溶解于水中，配成 B 液。混合 A 液及 B 液即成。通常可将此混合液稀释 5～10 倍使用，稀释液易变质失效，一次不宜多配。

三、革兰氏染色液

1. 草酸铵结晶紫染液

A 液：	结晶紫	2g
	95% 酒精	20mL
B 液：	草酸铵	0.8g
	蒸馏水	80mL

混合 A、B 二液，静置 48h 后使用。

2. 卢戈氏碘液

碘片	1.0g
碘化钾	2.0g

蒸馏水	300mL

先将碘化钾溶解在少量水中，再将碘片溶解在碘化钾溶液中，待碘全溶后，加足水分即成。

3. 95％的酒精溶液

4. 番红复染液

番红	2.5g
95％酒精	100mL

取上述配好的番红酒精溶液10mL与80mL蒸馏水混匀即成。

四、芽孢染色液

1. 孔雀绿染液

孔雀绿	5g
蒸馏水	100mL

2. 番红水溶液

番红	0.5g
蒸馏水	100mL

3. 苯酚品红溶液

碱性品红	11g
无水酒精	100mL

取上述溶液10mL与100mL 5％的苯酚溶液混合，过滤备用。

五、黑色素溶液

水溶性黑色素	10g
蒸馏水	100mL

称取10g黑色素溶于100mL蒸馏水中，置沸水浴中30min后，滤纸过滤两次，补加水到100mL，加0.5mL甲醛，备用。

六、鞭毛染色液

取钾明矾饱和水溶液20mL、20％鞣酸水溶液10mL、蒸馏水10mL、95％酒精15mL、碱性复红饱和酒精溶液3mL，按顺序将上述液体混合，置于紧塞玻璃瓶中，保存期为1周。

七、乳酸石炭酸棉蓝染色液

石炭酸	10g
乳酸（相对密度1.21）	10mL
甘油	20mL
蒸馏水	10mL
棉蓝	0.02g

将石炭酸加在蒸馏水中加热溶解，然后加入乳酸和甘油，最后加入棉蓝，使其溶解即成。

附录三
试剂和溶液的配制

一、中性红指示剂

中性红	0.04g
95% 乙醇	28mL
蒸馏水	72mL

中性红 pH 6.8~8，颜色由红变黄，常用浓度为 0.04%。

二、溴甲酚紫指示剂

溴甲酚紫	0.04g
0.01mol/L NaOH	7.4mL
蒸馏水	92.6mL

溴甲酚紫 pH 5.2~6.8，颜色由黄变紫，常用浓度为 0.04%。

三、甲基红试剂

甲基红	0.04g
95% 酒精	60mL
蒸馏水	40mL

先将甲基红溶于 95% 酒精中，然后加入蒸馏水即可。

四、V－P 试剂

5% α－萘酚无水酒精溶液：α－萘酚 5g；无水乙醇 100mL。

40% KOH 溶液：KOH 40g；蒸馏水 100mL。

五、吲哚试剂

对二甲基氨基苯甲醛	2g
95% 乙醇	190mL
浓盐酸	40mL

六、无菌生理盐水

1. 成分

NaCl	8.5g
蒸馏水	1000mL

2. 制法

称取 8.5g NaCl 溶于 1000mL 蒸馏水中，121℃高压灭菌 15min。

七、磷酸盐缓冲液

1. 成分

KH_2PO_4	34g
蒸馏水	500mL
pH	7.2

2. 制法

贮存液：称取 34.0g 的 KH_2PO_4 溶于 500mL 蒸馏水中，用大约 175mL 的 1mol/L NaOH 溶液调节 pH，用蒸馏水稀释至 1000mL 后贮存于冰箱。

稀释液：取贮存液 1.25mL，用蒸馏水稀释至 1000mL，分装于适宜容器中，121℃高压灭菌 15min。

参 考 文 献

1. 刘用成. 食品检验技术（微生物部分）. 北京：中国轻工业出版社，2006
2. 刘慧. 现代食品微生物学实验技术. 北京：中国轻工业出版社，2006
3. 柳增善. 食品病原微生物学. 北京：中国轻工业出版社，2007
4. 李启隆，胡劲波. 食品分析科学. 北京：化学工业出版社，2011
5. 车振明. 食品安全与检测. 北京：中国轻工业出版社，2007
6. 周桃英. 食品微生物. 北京：中国农业大学出版社，2009
7. 贾英民. 食品微生物. 北京：中国轻工业出版社，2007
8. 江汉湖. 食品微生物. 北京：中国农业出版社，2005
9. 陈剑虹. 工业微生物实验技术. 北京：化学工业出版社，2006
10. 万萍. 食品微生物基础与实验技术. 北京：科学出版社，2004
11. 侯建平. 食品微生物. 北京：科学出版社，2010
12. 李志明. 食品卫生微生物检验学. 北京：化学工业出版社，2009
13. 魏明奎，段鸿斌. 食品微生物检验技术. 北京：化学工业出版社，2008
14. 张曙光. 微生物学. 北京：中国农业出版社，2006
15. 翁连海. 食品微生物基础与应用. 北京：高等教育出版社，2005
16. 钱爱东. 食品微生物学. 北京：中国农业出版社，2008
17. 沈萍，陈向东. 微生物学实验. 北京：高等教育出版社，2007
18. 中华人民共和国国家标准. 食品卫生微生物检验. 北京：中国标准出版社，2010